# 高性能

# 直流电源系统稳定性设计方法

Stability Design Methods of the
High Performance DC Power System

贾鹏宇 // 著

中国建筑工业出版社

**图书在版编目（CIP）数据**

高性能直流电源系统稳定性设计方法／贾鹏宇著．—北京：中国建筑工业出版社，2020.6
ISBN 978-7-112-25265-7

Ⅰ．①高…　Ⅱ．①贾…　Ⅲ．①直流电源－电力系统稳定－研究　Ⅳ．①TM91

中国版本图书馆CIP数据核字（2020）第103744号

责任编辑：李玲洁
责任校对：焦　乐

高性能直流电源系统稳定性设计方法
贾鹏宇　著

＊

中国建筑工业出版社出版、发行（北京海淀三里河路9号）
各地新华书店、建筑书店经销
北京锋尚制版有限公司制版
北京建筑工业印刷厂印刷

＊

开本：787×1092毫米　1/16　印张：7¾　字数：169千字
2020年6月第一版　2020年6月第一次印刷
定价：38.00元
ISBN 978-7-112-25265-7
（36040）

# 前　言

　　随着传统化学石油能源的短缺，以光伏、锂电池为代表的新型能源设备得到了广泛发展和应用。以此为基础，新能源储能系统受到了国家的大力推崇和发展。在新能源储能系统中，常以直流传输作为电能传输的基本形式，因此针对直流系统的设计和控制一直是新能源产业中的重点。在直流系统的设计中，稳定性是系统设计的首要考虑因素。由于直流系统是由多个独立的变换器通过不同的互联方式组合而成的大系统，因此在直流系统的设计中，首先需要保证每个独立变换器的稳定。然而，即使独立的变换器能够稳定运行，由变换器互联构成的直流电源系统仍然可能出现不稳定的状态。在这种情况下，造成系统不稳定问题出现的主要原因，在于系统内部独立的变换器之间的互联接口处，存在阻抗不匹配的问题。这种问题的出现，轻则引起电源中的电压及电流纹波增大，重则导致系统震荡，甚至引起电源烧毁。

　　在直流电源系统中，存在多种变换器互联的方式。其中，由两个独立变换器级联构成的最小系统是广大学者们分析电源系统的稳定性问题最常采用的模型。本书针对独立变换器，以及典型级联结构的稳定性设计，提出了一些新的设计方法及参考验证示例。

　　本书共分为6章，第1章为引言，简述了直流变换器及系统发展的趋势，并介绍了稳定性问题产生的机理及研究现状。针对独立的变换器拓扑，第2章、第3章分别介绍了两种相应的设计技术及控制方法。第2章针对广泛应用于航天电源系统中的一种双电感双电容降压变换器（Superbuck变换器），提出了优化其动态模型的阻尼设计方法，从而消除了其动态模型中存在的右半平面零点，为扩展其闭环控制系统的稳定裕度提供条件。第3章以一类双电感双电容构成的高阶化变换器拓扑为例，提出了改善变换器音频敏感率（前向通道传递函数）的简化的前馈控制器设计方法。第4章、第5章针对级联系统这种典型结构，分别介绍了两种优化系统稳定性的控制方法。由于级联系统的稳定性可通过系统中两个变换器互联接口处的阻抗进行判别。因此，从改善前、后级变换器（源、负载变换器）的接口阻抗的角度，第4章提出了一种输入电流内环的控制方法，能够有效增大后级变换器的输入阻抗；第5章提出了一种虚拟阻尼的控制方法，能够有效减小前级变换器的输出阻抗。这两种方法均可以明显改善直流电源系统的稳定性。第6章对全书内容进行总结。

本书可供直流电源产品、航天电源系统、光伏储能一体化系统、电动汽车直流系统等相关领域的设计工作者使用。

本书由北方工业大学校内学科建设专项经费资助出版，特此感谢。由于笔者水平有限，书中难免存在疏漏之处，欢迎广大读者批评指正。

# 目　录

# 第3章 改善变换器音频敏感率的比例前馈控制方法

# 第4章 优化变换器输入阻抗的输入电流内环控制方法

第**5**章　优化变换器输出阻抗的有源阻尼控制方法

第**6**章　结论

# 第 **1** 章 引言

## 1.1 电力电子变换器系统的发展

半导体功率器件的出现和发展，产生了电力电子技术，并使之逐渐深入到生产生活中，成为影响工业制造、国防建设、高新技术的重要学科。高性能的电力电子变换器，能够实现对太阳能、风能等可再生能源的充分利用和转化，同时为用电负载提供高质量的电能。

随着应用需求的不断提高，单一的电力电子变换器往往无法满足设计要求，逐渐向变换器系统的方向发展。电力电子变换器系统从单一的变换器拓扑逐渐发展成为不同结构的电源供电系统，大体可以分为三类：集中式供电系统（Centralized Power System, CPS），模块式供电系统（Modular Power System, MPS），分布式供电系统（Distributed Power System, DPS），如图1-1所示。

集中式供电系统CPS仅拥有一个单路输入、多路输出的变换器，变换器通过多路输出给后续负载供电。由于系统中只有唯一的电力电子变换器，因此这种方式便于对变换器进行散热设计，但不易于后续负载的变化和扩展；在模块式供电系统MPS中，多个变换器共用同一个输入电源，不同变换器的输出连接各自负载。这种供电方式中，变换器可以通过并联方式提供大功率输出，但由于共用输入，多个变换器通常处于同一位置，距离负载较远，因此负载调整率较差；分布式供电系统DPS的出现弥补了CPS和MPS供电方式的不足。这种供电方式最大的不同在于引入中间母线，形成级联的连接方式。这就使得包含不同输入电源的变换器之间可以通过母线共同向负载变换器供电，系统中的功率得到分级处理，变换器的位置较为灵活，便于冗余和热设计。

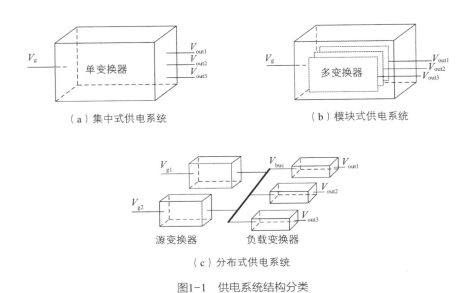

（a）集中式供电系统          （b）模块式供电系统

（c）分布式供电系统

图1-1    供电系统结构分类

## 1.2    高性能直流变换器系统的要求

变换器系统分为直流和交流两大类，其中，直流变换器系统占有极大比重，成为人们关注的热点之一。随着设计和应用要求的不断提升，直流变换器系统的性能也在不断提高。因此，直流变换器系统逐渐向着高精度、高效率、低噪声、低电压电流纹波、高可靠性等要求不断发展。

由于分布式结构比集中式和模块式结构更具有优势，因此在高性能直流变换器系统中，分布式结构得到了广泛应用，例如航天电源系统、计算机通信电源系统、数据中心电源系统和光伏发电系统等。分布式级联的方法对于实现高性能变换器系统的高精度、高效率、低噪声等要求具有重要意义。当负载需要高精度的电压和电流输出时，除了采用高精度的采样和控制器以外，变换器系统需要采用级联的方式将负载变换器设置在负载点附近。通过这种方式，可以有效减少负载变换器输出端口与负载点之间的导线长度，从而避免压降，满足高精度的要求；当供电电源和负载距离较远时，通过提高级联母线的电压从而降低母线电流，进而有效减少母线的损耗，以满足高效率的要求；供电电源中常包含各种噪声和干扰，分布式级联的方式使得变换器系统中的功率得到了分级处理，相应的，供电电源中的噪声得到了分级抑制，从而大大降低了输入电压扰动对于负载的影响，以满足低噪声的要求。同时通过级联结构减弱了负载与负载之间、负载对电源的影响。

由于高性能直流变换器系统大都以分布式级联的结构为基础，系统中的DC-DC变换器单元通过母线方式分级进行功率处理。连接不同供电电源的变换器通过母线，集中向连接不同负载的变换器供电，因此级联系统中母线的性能对于整个系统具有重要意义。以航天电源系统为例，在欧洲航空局（European Space Agency，ESA）颁布的航天器电源系统的母线标准中指出，对于全调节型母线的电源控制器，其母线纹波不得超过额定电压纹波的0.5%，母线中开关噪声引起的电压尖峰不能超过母线电压额定值的2%。这就要求变换器从传统的基本变换器向高阶变换器发展，以实现低电压电流纹波的要求。基本的二阶变换器拓扑由于只存在一个电感元件，因此变换器必然有一侧电流断续。与基本变换器拓扑相比，电流连续型拓扑通过增加无源器件的方法实现了变换器的高阶化，带来了输入输出性能的优化，从而减小了变换器中滤波电容的容值，实现了低电压电流纹波的要求。以Boost变换器为例，由于其仅包含输入电感，因此其输出侧电流断续，往往需要很大的电容值才能保证输出电压的纹波满足要求。通过加入输出滤波器或者采用其他升压类高阶化拓扑，可以采用较小的电容值即可实现输出电压和电流的低纹波。此外，电流连续型高阶化拓扑作为太阳能光伏电池板、蓄电池、燃料电池等供电电源的接口电路，可以延长电源的使用寿命，降低噪声、干扰和损耗。不仅如此，高阶变换器中电流的连续性可以保证变换器的电流采样具有较高精度，便于实现电流的精确控制。因此越来越多的高阶化变换器拓扑在实现高性能直流变换器系统的进程中得到了广泛应用。

高性能直流变换器系统往往采用标准化变换器模块进行串并联的方式构成组合变换器，以满足低电压电流纹波、高效率、高可靠性等要求。图1-2给出了常见的四种变换器组合方式。图1-2（a）所示的输入并联输出并联结构一般也简称为"并联结构"，这种结构广泛应用于采用多个小功率单元模块进行并联从而实现大功率输出的场合。在并联系统中，经常采用的交错并联方法通过对并联变换器系统进行交错占空比控制，实现了等效开关频率的提升，降低了变换器系统的电流纹波。由于并联系统中的变换器电感可以通过耦合的方式实现，因此可以进一步减小电流纹波，同时减小体积和重量。另一方面，通过模块并联的方式，并联系统中变换器单元分担了相同的电流应力，提高了可靠性，便于进行冗余设计。图1-2（b）所示的输入并联输出串联结构，常用于将低压输入转换为高压输出的场合，由于输入电压和输出电压差异较大，因此采用这种结构的组合变换器可以满足高效率的要求。这种结构广泛应用于半导体制造、X射线和超声波仪器、光伏逆变系统、燃料电池系统等。图1-2（c）所示的输入串联输出并联结构广泛应用于需要将高压输入转换为低压、大电流输出的场合，比如高速列车供电系统。图1-2（d）所示的输入串联输出串联结构，用于输入输出电压

（a）输入并联输出并联结构　（b）输入并联输出串联结构　（c）输入串联输出并联结构　（d）输入串联输出串联结构

图1-2　变换器的串并联方式

均比较高的场合。通过标准化模块的串并联组合，降低了其中变换器单元的电压电流等级，有利于系统的散热和冗余设计。

除此之外，新型器件、厚膜技术、磁集成技术等其他技术的发展为实现变换器系统的高功率密度、高频化、高效率提供了极大的发展空间。

# 1.3　高性能直流变换器系统的稳定性问题及研究现状

在高性能直流变换器系统中，变换器系统的高稳定性是保证其稳态性能和动态性能的重要前提。因此，高可靠性、高稳定性的电源系统设计显得尤为重要，下面针对稳定性问题产生的机理和影响因素进行分析。

## 1.3.1　稳定性问题产生的机理

稳定性问题通常以电压或者电流中存在某种震荡表现出来，其根本在于变换器系统中存在反馈回路。对于开环控制的DC-DC变换器而言，由于电路本身为无源器件所构成的电路拓扑，不存在反馈回路，因此变换器自然稳定。DC-DC变换器通常以稳定输出电压或电流为目的，以闭环负反馈实现对指令的响应，因此常出现稳定性问题。图1-3为闭环负反馈系统示意图，其中被控对象和采样分别用$G$和$H$表示，假设输入信号为$v_1$，输出信号为$v_2$，可知，闭环负反馈系统的输入-输出传递函数可以表示为式（1-1）：

$$\frac{v_2}{v_1} = \frac{G}{1+GH} \tag{1-1}$$

当闭环系统的环路增益$GH$在某种频率下的相位达到-180°时，如果此时$GH$的幅值小于1，则对闭环系统的稳定性没有影响，如果$GH$的幅值大于或者等于1，则会使负反馈系统变成正反馈系统，不断放大该频率点的信号，造成系统震荡。

因此，当变换器采用反馈控制时，变换器的环路增益需要满足"奈奎斯特稳定判据"以保证变换器的稳定性。在相应的波特图中，需要保证环路增益的相频曲线在穿越-180°之前，其幅频曲线已经衰减至0dB以下，并且需要留出一定的幅值裕度和相位裕度以提高其抗干扰的能力。

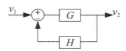

图1-3　闭环负反馈系统

为了对变换器及系统的稳定性进行分析，需要对变换器建立准确的数学模型。DC-DC变换器通常是一个非线性系统，因此稳定性分析主要采用对某一稳态工作点得到的小信号模型进行分析。Middlebrook和Vorperian教授等人针对如何建立有效的变换器小信号模型进行了分析，提出了不同的建模方法，例如基本扰动变量法、状态空间平均法、开关元件与开关网络平均模型法、$G$参数模型法等等。这些方法的思想都基于将某一稳态工作点处变换器的状态变量平均化，通过分离扰动变量和稳态变量的方法，得到变换器扰动变量构成的交流小信号模型。由于采用了平均化的方法，因此上述建模方法的准确性均受限于1/2的开关频率。在高于1/2开关频率的频率范围内，变换器的模型将要考虑离散化因素带来的影响。

## 1.3.2 影响高性能直流变换器系统稳定性的主要因素

在变换器系统中，其稳定性取决于变换器单体及其互联构成的系统的稳定性。从系统结构的角度，高性能直流变换器系统的稳定性问题集中体现在以下方面：高阶化单体变换器带来的稳定性问题、分布式级联结构带来的稳定性问题以及变换器串并联组合结构引起的稳定性问题。其中，变换器串并联组合中主要存在模块的均压和均流问题，许多学者对此进行了深入探讨，针对变换器模型设计了不同的均压方法和均流方法以保证稳定性，例如下垂法均流（均压）、主从均流（均压）方法等。本书主要针对前两种结构中的稳定性问题：即高阶变换器本身的稳定性问题以及分布式级联结构带来的稳定性问题进行研究。

### 1. 被控对象传递函数及控制环路对稳定性的影响

变换器单体的稳定性是系统稳定性的基础。高阶化的变换器单体引入了多个无源器件，其模型更加复杂，因此相对于基本变换器，其稳定性较难得到保证。

在变换器的设计中，由于主电路参数、开关频率等限制，变换器的被控对象模型传递函数的相频曲线容易在低频段较早穿越-180°，从而限制了变换器稳定工作时环路增益的截止频率。对于基本变换器拓扑，如Buck、Boost、Buck-Boost变换器等，由于拓扑中的电感电容元件较少，对应的被控对象模型的阶数较低，因此采用常用的反馈控制器即可补偿被控对象，得到稳定裕度较大、具有合适带宽的环路增益。为了提高闭环环路增益的截止频率，加快变换器的响应速度，降低被控对象模型的阶数，例如平均电流控制、峰值电流控制、$V^2$控制等在内的不同控制方法得到了广泛应用。

随着光伏太阳能电池板、蓄电池、燃料电池等供电电源在直流变换器系统中的应用，电流连续型高阶变换器拓扑得到了广泛发展，用于构建高性能直流变换器系统。然而高阶的变换器拓扑模型具有多个零极点，其被控对象传递函数的相频曲线更容易较早地穿越-180°，从而限制闭环系统的带宽。大量文献针对$LC$滤波器和Buck变换器构成的四阶变换器拓扑进行了研究，并提出了多种设计方法以解耦$LC$滤波器和Buck变换器，从而使加入滤波器前后的Buck变换器传递函数基本不受影响。同样，也有学者针对如何优化高阶变换器拓扑的模型做了相关研究，例如增加阻尼回路的方法优化Cuk、Sepic、Superbuck等变换器的模型，使这类高阶变换器的模型得以简化，更加易于控制。本书基于优化高阶变换器的一般性RC阻尼方法，针对广泛应用于航天电源系统的Superbuck变换器进行阻尼参数的研究，以便使被控对象传递函数得到优化。

### 2. 输入噪声对稳定性的影响

供电电源的扰动和噪声直接影响着直流变换器系统输出电压和电流的品质。在高性能直流变换器系统中，对于电源噪声的衰减往往具有较为严格的规定。对于直流变换器而言，如果变换器能够实现输出对输入的解耦，即输入端的扰动信号不会对输出造成影响，将大大提高级联系统的稳定性。在描述DC-DC变换器的指标参数中，输入电压扰动-输出电压扰动传递函数是衡量变换器对前向通道中扰动信号衰减作用的重要指标，用来表征变换器的输出对输入的抗干扰能力。这一参数在许多文献中也被称为"audio susceptibility"，直译为音频敏感率。这一概念最初仅用来表示变换器的输出对音频范围内电源扰动的抑制能力，后来逐渐引申用于描述全频率范围。当变换器的闭环音频敏感率调整为零时，可以极大地衰减输入噪声，实现变换器输出对输入扰动的解耦。

当变换器系统中存在稳定性问题时，母线电压和电流必然表现出震荡。若震荡不严重，则母线电压和电流中存在幅值较低的交流分量，这些交流分量通过后级变换器通路传递至负载侧，会造成负载电压的波动；另外，级联系统中的前级变换器经常以AC/DC变换器的直流侧或者二极管整流桥的输出作为输入，由于输入电压中含有工频周期倍频的交流脉动，如果前级变换器对输入电压中交流分量的抑制作用不强，则级联系统的母线也存在这一部分交流分量，进而影响后级变换器及负载。

许多文献针对如何降低音频敏感率，提出了以前馈控制为核心的不同控制方法，例如增加前馈控制器、改变调制电路等。然而这些方法大都仅适用于基本变换器拓扑。这是因为当变换器模型阶次较高时，所需要引入的前馈控制器形式较为复杂，前馈控制器本身的模型阶次也随之提高。随着电流连续型高阶变换器拓扑在直流变换器系统中得到越来越广泛的应用，因此有必要对高阶变换器的前馈控制进行深入研究。

### 3. 输入输出阻抗对稳定性的影响

分布式级联的结构广泛应用于高性能直流变换器系统，因此级联系统的稳定性将直接影响整个分布式系统的稳定性。在级联系统中，由于前后级变换器的阻抗作用，会影响前后级变换器的控制环路，进而影响级联系统的稳定性。因此在高性能直流变换器系统中，往往对母线的阻抗特性的要求较为严格。以航天电源系统为例，为了保证航天器电源系统的高稳定性，欧洲航空局ESA曾在颁布的全调节母线型电源控制器标准中明确要求，电源控制器中母线的输出阻抗在100Hz～10kHz中不得超过20mΩ，在100kHz以内、不包括100Hz～10kHz范围的其他频段

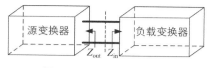

图1-4 级联系统示意图

具有更加严格的规定。

　　典型的级联系统如图1-4所示，级联系统包含源变换器和负载变换器，源变换器的输出端口通过母线与负载变换器的输入端口相互连接。在级联系统中，由于源变换器的输出阻抗$Z_{out}$与负载变换器的输入阻抗$Z_{in}$之间的相互影响，即使两变换器单独工作时能够保证稳定，变换器构成的级联系统也可能出现不稳定状态。Middlebrook教授首次对$LC$滤波器级联Buck变换器这种最简单的级联系统进行了分析，将阻抗比$Z_{out}/Z_{in}$定义为级联系统中的次环路增益（minor loop gain）的概念，利用次环路增益是否满足奈奎斯特稳定判据，作为判定级联系统稳定性的充分必要条件，即要求阻抗比曲线不包围复平面上的（−1，j0）点，则可以保证系统稳定。同时为了保证级联系统具有足够的稳定裕度，Middlebrook教授指出，在全频率范围内，源变换器的输出阻抗幅值|$Z_{out}$|如果远小于负载变换器的输入阻抗幅值|$Z_{in}$|，则级联之后的系统必然稳定。这反映在复平面中表现为阻抗比曲线不得进入单位圆以外的区域，如图1-5（a）所示。这个条件是保证级联系统稳定性的充分条件，称为"Middlebrook准则"。由于上述要求在实际设计中不易满足，Wildrick对其进行了改进，得到了如图1-5（b）所示的禁止区域。该判据允许阻抗比曲线与单位圆在禁止区域以外的部分相交，同时能够保证级联系统的稳定性，使级联系统具有6dB的幅值裕度和60°的相位裕度。为了能够判定级联系统中存在多个负载变换器的稳定性情况，Xiaogang Feng针对Wildrick提出的禁止区域进行了改进，得到如图1-5（c）所示的禁止区域，以便于判定前后级变换器的阻抗是否满足稳定性要求。根据这种方法得到的级联系统依然能够保证具有6dB的幅值裕度以及60°的相位裕度。并且当级联系统中存在多个负载变换器时，禁止区域可以根据负载变换器功率等级的不同，扩展为判定后级单个负载变换器输入阻抗的标准，如图1-5（d）所示，其中$P_{source}$表示前级源变换器的功率等级，$P_{loadk}$和$Z_{ink}$分别表示某一个负载变换器的功率等级和输入阻抗。

　　为了提高级联系统的稳定性，大量文献针对影响变换器阻抗或者滤波器阻抗的因素进行了研究，并提出了相应的优化方法。优化变换器系统稳定性的方法主要分为两大类：无源和有源的方法。无源方法主要通过增加阻尼回路，改善阻尼特性，以减小级联系统中前级输出阻抗和后级输入阻抗的交截范围，使级联系统的阻抗比曲线满足稳定条件；有源方法主要采用控制的方法或者增加有源变换器的方式改善级联系统的阻抗比，增大其稳定裕度，以保证稳定性。

　　带有输入滤波器的恒压直流变换器可以视为最简单的级联系统。恒压变换器的输入阻抗在低频段往往表现负阻特性，因此常与滤波器的输出阻抗相互作用导致系统发生震荡。一直以来，针对滤波器和变换器的设计优化问题是电源设计者关心的热点之一。早在20世纪70年代，

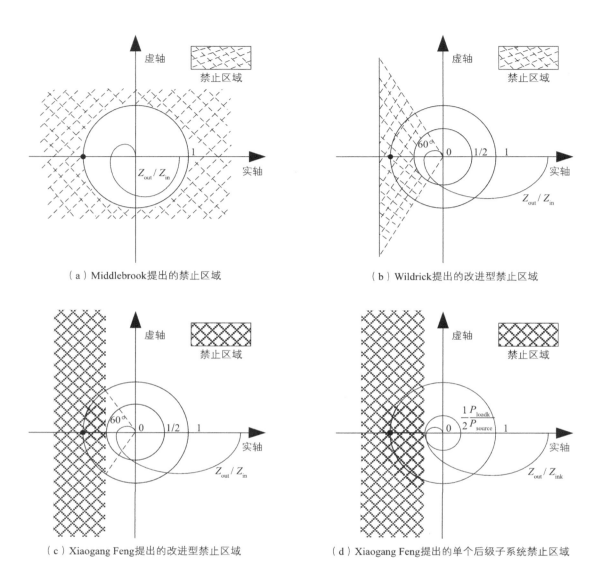

（a）Middlebrook提出的禁止区域　　　　　　（b）Wildrick提出的改进型禁止区域

（c）Xiaogang Feng提出的改进型禁止区域　　（d）Xiaogang Feng提出的单个后级子系统禁止区域

图1-5　不同的禁止区域

Daniel M. Mitchell引入不同电路结构的阻尼回路，初步讨论了不同电路结构形式的阻尼滤波器与负载所构成的级联系统的稳定性问题。针对上述系统，Awang Jusoh对滤波器电容并联RC阻尼回路的方法进行了深入分析，给出了RC阻尼回路参数的具体设计过程。此外，Mauricio Cespedes探讨了RC阻尼回路扩展应用于源变换器和负载变换器构成级联系统的情况，分析了将RC阻尼回路并联至源变换器输出端口的电路形式，同时给出了阻尼参数的设计方法，以增加整个级联系统的阻尼，从而保证系统稳定。这些方法的实质，均在于采用无源阻尼方法降低滤波器或者前级变换器的输出阻抗，使级联系统的阻抗比得到改善，满足稳定条件。

　　增加阻尼回路的方法会产生附加损耗，降低变换器的效率。因此，为了避免级联系统的不稳定现象，从改善前后级变换器阻抗特性的角度，学者们开始寻找新的控制方法以便优化级联系统的稳定性，并进行了深入研究。例如，为了改善负载变换器在动态调节时所呈现的负阻特性对系统造成的不稳定性影响，Alireza Khaligh学者以Buck-Boost变换器作为源变换器为例，提出了一种基于可调控制脉冲的控制方法，从而避免了当其后级所连接恒功率型负载时有可能产生的震荡问题。对于变换器应用于功率因数校正（Power Factor Correction, PFC）电路的情况，Giorgio Spiazzi根据PFC电路中输出电容较大的特点，简化了变换器模型，以减小变换器和EMI滤波器之间的相互作用为目的，对Boost、Cuk和Sepic变换器进行了电流内环控制下的稳定性分析。基于电流控制的思路，本书将从提高变换器输入阻抗的角度，针对广义的DC-DC变换器模型，提出输入电流内环、输出电压外环的双环控制方法，并对级联系统的稳定性进行讨论。

　　从降低前级源变换器输出阻抗的角度，Richard Redl提出了一种输出电流前馈的控制方法，以实现变换器输出阻抗近似为零，从而达到前后级变换器阻抗解耦的目的。Pekik A. Dahono提出了一种适用于变换器拓扑中含有$LCL$输出滤波器结构的有源阻尼方法。Amir M. Rahimi针对基本变换器拓扑，提出了一种在电感支路中模拟等效串联电阻的有源阻尼方法。根据一般性DC-DC变换器的小信号模型，本书提出一种降低输出阻抗的虚拟电阻控制方法，并对其适用范围和稳定性进行了讨论。

　　除了通过控制的方法改善级联系统稳定性，Wayne W. Weaver等学者还提出了引入额外解耦变换器的方法，改善级联系统的稳定性。

# 1.4　本书的主要研究内容

　　综上所述，高性能直流变换器系统的稳定性问题集中表现在变换器模型参数对稳定性的影响，研究尚存在许多不足。本书将针对直流变换器的被控对象传递函数、音频敏感率、输入阻抗和输出阻抗等参数进行研究和分析，并提出相应的优化方法。本书的主要研究工作如下：

　　（1）变换器的被控对象传递函数是影响变换器系统稳定性的重要参数。变换器的输入、输出端口的电磁兼容性、纹波条件等指标在某些特殊的应用场合要求极为苛刻，例如航天、航空电源系统等。因此，为了优化变换器的输入、输出特性，往往需要针对传统变换器拓扑中增加滤波器的方法以改善其传导（抗）干扰特性，例如，在选用Buck变换器时，实际设计实施过程中经常加入输入滤波器以使其电流呈现连续波形，而采用Boost变换器时，往往需要在其输出端口增加额外的一级$LC$滤波器以改善其纹波特性。究其原因，在于典型二阶变换器

（Buck，Boost）电路拓扑中，只包含一个电感及一个电容。因此，必然会有一个端口处于电流断续模态，而电流断续模态中由于存在电流变化斜率的突变，必然会造成较大的电压尖峰，从而加剧电磁干扰。除了增加滤波器的方法以外，采用高阶变换器拓扑本身也能够实现对变换器输入、输出端口的电磁兼容性改善。例如，Superbuck、Superboost变换器等。需要说明的是，二阶基本变换器在引入额外的滤波器之后，电路整体也可视为高阶变换器。在高阶变换器中，因为电路拓扑本身增加了电感、电容等无源器件，因此，这就为输入、输出两端口同时实现电流连续模态的工况提供了可能。在本书中，将以广泛应用于航天电源系统中的Superbuck高阶降压变换器作为示例进行说明。在本书第1章内容中，将基于$RC$阻尼回路工作的基本原理，以优化被控对象模型为目的，提出一种优化Superbuck变换器模型的阻尼回路设计方法，从而消除模型中的右半平面零点，以便于增加闭环反馈系统的带宽，提高稳定裕度，为计算其他高阶变换器模型的被控对象及优化方法提供思路。

（2）音频敏感率是影响DC-DC变换器稳定性的重要参数，表征了变换器输入电压扰动对输出电压的影响。采用输入电压前馈的方法可以在理论上实现音频敏感率等于零。对于高阶变换器模型，其理论上所需的前馈控制器传递函数较为复杂，与频率分量相关，不易实现，同时求解过程繁琐。本书将提出一种简化模型的方法，简化前馈控制器的计算过程，直观地得到与之相关的主电路参数，而不影响所得结果的准确性。为了取代理论上所需的复杂的前馈控制器，本书还将提出采用比例控制器近似的方法对高阶变换器进行前馈控制，并分析在比例前馈控制下，能够大幅度衰减音频敏感率的有效频率范围与主电路参数的关系。此外，本书将以输入输出电流连续的双电感和双电容变换器拓扑族为例，进行归纳分析，探索比例前馈控制器与变换器直流增益比的规律。

（3）输入阻抗是影响级联系统稳定性的重要参数。传统的双环控制方法大多以单独变换器的控制设计为出发点，以提高输出响应的快速性为目的进行设计，其电流内环的电流采样点位置不固定，一般根据不同变换器拓扑而改变。从提高变换器输入阻抗的角度，本书拟提出输入电流内环（Input Current Inner Loop, ICIL）、输出电压外环的双环控制方法，并将分析在这种控制方式下影响变换器输入阻抗的因素，以及优化变换器输入阻抗的设计方法，并且分析在ICIL双环控制方法下，输入阻抗增量与电流采样系数之间的关系。

（4）输出阻抗同样是影响级联系统稳定性的关键参数。本书将针对DC-DC变换器的一般性小信号模型进行分析，提出一种模拟变换器输出端口并联虚拟电阻的有源阻尼控制方法，在不增加功率损耗的情况下，实现改善变换器模型的阻尼特性，降低变换器的输出阻抗，从而改善级联系统的稳定性。本书将对这种控制方法在单变换器和级联系统中的适用性进行分析，并提出这种控制方法的实现电路，同时对其有效性进行验证。

# 第2章 改善变换器被控对象传递函数的阻尼回路设计方法

由于电感电容等无源器件的增多，与基本的二阶变换器相比，高阶变换器模型中存在多个零极点，由此导致其被控对象传递函数的相频曲线容易较早穿越-180°，不利于反馈控制器的设计，本章内容将归纳优化高阶变换器模型的阻尼设计方法，并且针对广泛应用于航天电源系统的Superbuck高阶降压变换器，给出一种消除其右半平面（Right Half Plane, RHP）零点的阻尼回路设计方法，从而优化被控对象的传递函数，为工程设计人员在计算和优化其他类型的高阶变换器电路中提供思路。

## 2.1 DC-DC变换器的小信号模型

DC-DC变换器的工作点决定了此时变换器的大信号模型和小信号模型。大信号模型取决于变换器稳态工作点处的直流电压增益比，而小信号模型取决于稳态工作点处的交流小信号扰动构成的输入输出关系。图2-1表示了一般性DC-DC变换器处于某一稳态工作点时的小信号模型，这里采用不存在阻抗效应的电压源扰动$\hat{v}_g$和电流源扰动$\hat{i}_o$分别作为变换器小信号模型的输入电源扰动和外加输出电流扰动。虚线框内表示变换器本身的模型，其占空比扰动用$\hat{d}$表示，这里用$v_g$、$\hat{i}_o$以及$\hat{d}$作为输入变量，表示独立施加的扰动信号。而将变换器输入电流扰动$\hat{i}_g$、输出电压扰动$\hat{v}_{out}$视为响应变量。通过定义不同响应对不同扰动源的传递函数，可以构成变换器的数学模型。将$v_g$、$\hat{i}_o$以及$\hat{d}$作为输入矩阵，$\hat{i}_g$和$\hat{v}_{out}$作为输出矩阵，得到描述变换器小信号模型的矩阵方程如式（2-1）所示，也称为"$G$参数矩阵"。

根据输入矩阵和输出矩阵的关系，可知矩阵方程中$Y_{in}$表示开环输入导纳，$G_{iig}$表示输出电流-输入电流传递函数，$G_{idg}$表示占空比-输入电流传递函数，$G_{vg}$表示开环输入电压-输出电压

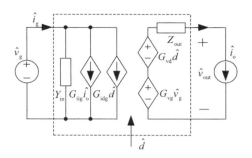

图2-1　DC-DC变换器的小信号电路模型

传递函数，$G_{vd}$表示占空比-输出电压传递函数，$Z_{out}$表示开环输出阻抗。上述传递函数均表示交流小信号扰动之间的关系。

$$\begin{bmatrix} \hat{i}_g \\ \hat{v}_{out} \end{bmatrix} = \begin{bmatrix} Y_{in} & G_{iig} & G_{idg} \\ G_{vg} & -Z_{out} & G_{vd} \end{bmatrix} \begin{bmatrix} \hat{v}_g \\ \hat{i}_o \\ \hat{d} \end{bmatrix} \tag{2-1}$$

根据图2-1，可以得到变换器传递函数构成的小信号模型框图如图2-2所示。

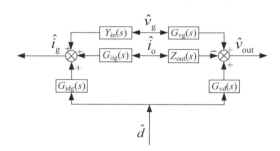

图2-2　DC-DC变换器的传递函数小信号模型

当DC-DC变换器处于输出电压闭环负反馈状态时，以单电压闭环为例，此时变换器的小信号模型框图可以用图2-3表示，其中$H_v$表示电压采样系数，$G_{cv}$表示电压环控制器，$F_m$表示调制系数，$T_v$表示反馈环路增益。由于变换器处于稳态工作点且指令值一般为直流量，因此其交流小信号的扰动值$\hat{v}_{ref}$等于零。

根据经典控制理论可知，闭环负反馈形成的环路增益$T_v$需要满足"奈奎斯特稳定判据"才能保证DC-DC变换器的稳定。在环路增益的构成中，被控对象$G_{vd}$本身，很大程度决定了控制器$G_{cv}$的复杂程度，尤其当$G_{vd}$含有右半平面（Right Half Plane, RHP）零点时，会更加严重地限制环路增益$T_v$带宽的提高，加大控制器设计的难度。

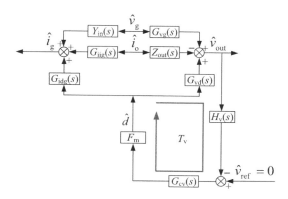

图2-3　单电压闭环的小信号模型框图

## 2.2　高阶变换器的阻尼设计方法

当变换器模型阶次较高时，变换器模型的传递函数$G_{vd}$中将不可避免地引入多个零极点，因此大量文献针对如何优化改善高阶变换器的模型进行了研究。$RC$阻尼回路由于结构简单、不引入直流损耗、成本较低等优点被广泛应用于优化高阶变换器的电路中。在$RC$阻尼回路的应用中，阻尼回路并联于主电路拓扑的中间电容两端，阻尼电容需要比变换器中的功率电容具有更大的容值，以便能提供阻抗较低的回路，使阻尼电阻起作用，优化被控对象的模型。

以Buck变换器为例，变换器经常加入$LC$滤波器以实现输入电流连续，减小EMI。然而这实际构成了一个拥有两个电感和两个电容的高阶变换器。与传统的二阶Buck变换器相比，引入输入滤波器之后，Buck变换器的被控对象传递函数$G_{vd}$（占空比-输出电压传递函数）将发生改变，引入了另外的极点和零点，这使得传递函数的相频曲线在低频处较早地穿越−180°，不利于闭环控制器的设计。Middlebrook教授在题为"*Input filter consideration in design and application of switching regulators*"的文章中针对$LC$滤波器级联Buck变换器的高阶变换器拓扑进行了阻尼回路的研究，提出了向滤波器中加入阻尼回路的方法，消除$LC$滤波器对Buck变换器传递函数的影响，优化了被控对象传递函数。文中列举了多种阻尼回路方式对滤波器的阻尼效果，例如将电阻并联在$LC$滤波器中电感的两端，将电阻串联在$LC$滤波器的电容回路，以及将电阻电容串联构成的$RC$阻尼回路并联在滤波器电容两端。

针对广泛应用于功率因数校正电路（PFC, Power Factor Correction）中的Cuk和Sepic变换器，Giorgio Spiazzi等人分别针对采用$RC$阻尼回路优化Cuk和Sepic变换器的阻尼特性的方法进行了研究，以便使被控对象传递函数具有更好的品质因数，系统在具有较高带宽的情况下实现了稳定运行。其中，*RC*阻尼回路均并联于变换器的中间电容上。

Superbuck变换器具有双电感和双电容结构，由于其具有高效、输入输出电流连续等特点，被广泛应用于航天电源系统中。Matti Karppanen指出，通过适当选择给定占空比情况下的两电感值，可以避免占空比–输出电压传递函数$G_{vd}$中存在RHP零点。但对于大占空比情况下，这种约束条件会导致两电感值差异较大，由此带来的损耗、体积、成本都会增加，在实际情况中不易实现。也有文献指出，针对Superbuck变换器，在主电路参数不满足电感值设计条件时，可以采用将*RC*阻尼回路并联在中间电容两端的方法消除RHP零点，但是仅给出了实验测试结果，没有给出具体设计方法。针对采用*RC*阻尼回路优化高阶变换器模型的方法，题为"*Zero dynamics-based design of damping networks for switching converters*"的文献提出了一种基于零动态系统分析的计算方法，可以计算在输出电流范围给定情况下的最优阻尼网络参数选取，并通过Superbuck、Superboost以及Sepic等变换器进行了举例说明。但给出的限定条件是建立在主电路输出电容值非常大的前提下得到的，且没有考虑电路存在耦合电感时的状态，因而具有一定的局限性。

根据将*RC*阻尼回路并联在变换器中间电容的基本思路，以避免被控对象传递函数中存在RHP零点为目的，本章节对Superbuck变换器中阻尼回路的设计进行研究，给出阻尼参数选取的条件，实现对被控对象模型的优化。

# 2.3　电阻负载的Superbuck变换器模型分析

## 2.3.1　独立电感型Superbuck电路

图2-4给出了独立电感构成的Superbuck电路拓扑，该拓扑中输入侧存在电感$L_1$，因而输入电流连续。输出电流为两电感电流之和，在连续导通模式（CCM）下，$Q_1$与$VD_1$交替导通，所以输出电流也连续，且输出电压极性与输入电压极性相同。

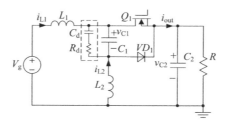

图2-4　Superbuck主电路拓扑

（1）无阻尼回路的Superbuck电路

首先讨论无阻尼回路的电路模型，当$Q_1$导通，$VD_1$截止时，电感电流$i_{L1}$和$i_{L2}$增加，输出电流$i_{out}$为两电感电流之和，因而增加；当$Q_1$截止，$VD_1$导通时，电感电流$i_{L1}$、$i_{L2}$减小，输出电流随之减小。针对图2-4所示的电路拓扑列写状态方程，可得：

$$\begin{cases} \dfrac{di_{L1}}{dt} = \dfrac{1}{L_1}(v_g - v_{C2} - (1-q)v_{C1}) \\[2mm] \dfrac{dv_{C1}}{dt} = \dfrac{1}{C_1}((1-q)i_{L1} - qi_{L2}) \\[2mm] \dfrac{di_{L2}}{dt} = \dfrac{1}{L_2}(qv_{C1} - v_{C2}) \\[2mm] \dfrac{dv_{C2}}{dt} = \dfrac{1}{C_2}(i_{L1} + i_{L2} - \dfrac{v_{C2}}{R}) \end{cases} \tag{2-2}$$

$q$表示开关状态，$q=1$表示开关管导通，$q=0$表示开关管截止。对上述方程组中状态变量进行周期平均，得到稳态时电感电流和电容电压的直流量表达式：

$$\begin{cases} V_{C1} = V_g \\[1mm] V_{C2} = D_{ss}V_g \\[1mm] I_{L1} = \dfrac{D_{ss}^2}{R}V_g \\[2mm] I_{L2} = \dfrac{D_{ss}(1-D_{ss})}{R}V_g \end{cases} \tag{2-3}$$

其中，$D_{ss}$表示稳态占空比。可知，Superbuck变换器具有与Buck变换器相同的增益比。经过分离扰动变量及线性化，化简后得到小信号表达式如下：

$$\begin{cases} \dfrac{d\hat{i}_{L1}}{dt} = \dfrac{D_{ss}-1}{L_1}\hat{v}_{C1} - \dfrac{1}{L_1}\hat{v}_{C2} + \dfrac{V_{C1}}{L_1}\hat{d} + \dfrac{1}{L_1}\hat{v}_g \\[2mm] \dfrac{d\hat{v}_{C1}}{dt} = \dfrac{1-D_{ss}}{C_1}\hat{i}_{L1} - \dfrac{D_{ss}}{C_1}\hat{i}_{L2} - \dfrac{(I_{L1}+I_{L2})}{C_1}\hat{d} \\[2mm] \dfrac{d\hat{i}_{L2}}{dt} = \dfrac{D_{ss}}{L_2}\hat{v}_{C1} - \dfrac{1}{L_2}\hat{v}_{C2} + \dfrac{V_{C1}}{L_2}\hat{d} \\[2mm] \dfrac{d\hat{v}_{C2}}{dt} = \dfrac{1}{C_2}\hat{i}_{L1} + \dfrac{1}{C_2}\hat{i}_{L2} - \dfrac{1}{C_2 R}\hat{v}_{C2} \end{cases} \tag{2-4}$$

在小信号分析中，线性平均模型可以表示为如式（2-5）所示的标准形式：

$$\dot{x} = Ax + Bu \tag{2-5}$$

忽略输入电压扰动$\hat{v}_g$，Superbuck电路的线性模型矩阵方程为：

$$A = \begin{bmatrix} 0 & \dfrac{D_{ss}-1}{L_1} & 0 & -\dfrac{1}{L_1} \\[3mm] \dfrac{1-D_{ss}}{C_1} & 0 & -\dfrac{D_{ss}}{C_1} & 0 \\[3mm] 0 & \dfrac{D_{ss}}{L_2} & 0 & -\dfrac{1}{L_2} \\[3mm] \dfrac{1}{C_2} & 0 & \dfrac{1}{C_2} & -\dfrac{1}{RC_2} \end{bmatrix} \tag{2-6}$$

$$B = \begin{bmatrix} \dfrac{V_g}{L_1} & \dfrac{-D_{ss}V_g}{RC_1} & \dfrac{V_g}{L_2} & 0 \end{bmatrix}^{\mathrm{T}} \tag{2-7}$$

其中，状态变量 $X = [\hat{i}_{L1} \quad \hat{v}_{C1} \quad \hat{i}_{L2} \quad \hat{v}_{C2}]^T$，$\hat{v}_{out} = \hat{v}_{C2}$，$D_{ss}$ 为稳态占空比，$R$ 为负载电阻。采用 Matlab软件中的Symbolic Toolbox进行计算，得到输出电压 $\hat{v}_{out}$ 对占空比 $\hat{d}$ 的传递函数为：

$$G_{vd}(s) = \frac{\hat{v}_{out}}{\hat{d}} = \frac{C_1(L_1+L_2)s^2 + \frac{D_{ss}(L_2 - D_{ss}L_1 - D_{ss}L_2)}{R}s + 1}{\frac{C_1C_2L_1L_2}{V_g}s^4 + \frac{C_1L_1L_2}{V_gR}s^3 + \frac{C_1(L_1+L_2)+C_2(L_2-2D_{ss}L_2+D_{ss}^2L_1+D_{ss}^2L_2)}{V_g}s^2 + (\frac{D_{ss}^2L_1}{RV_g} + \frac{L_2(D_{ss}^2-2D_{ss}+1)}{RV_g})s + \frac{1}{V_g}}$$

（2-8）

对于通常设计以稳定输出电压为主要功能的Superbuck电路，根据劳斯定理，只要保证式（2-8）的分子各项系数为正即可避免RHP零点，由此可得到电路设计的参数约束条件：

$$L_2 - L_2D_{ss} - L_1D_{ss} > 0 \qquad （2-9）$$

为了后文计算方便，这里设：

$$\Delta = L_2 - L_2D_{ss} - L_1D_{ss} \qquad （2-10）$$

根据式（2-9）选取的主电路参数使得Superbuck电路无RHP零点，表现为二阶系统特性，控制器设计较为方便。但是当电路稳定工作点的占空比较大时，两电感值的选取差异较大，甚至相差十几倍。受电路体积和成本限制，式（2-9）中的条件很难满足，此时系统出现复数RHP零点，表现为高阶系统特性。为了消除模型在不满足约束条件式（2-9）时产生的RHP零点，对电路加入阻尼回路，并对其模型进行研究，讨论 $\Delta < 0$ 的情况。

（2）加入阻尼回路后的Superbuck电路

针对图2-4所示加入阻尼回路后的电路拓扑列写状态方程，可得

$$\begin{cases} \dfrac{di_{L1}}{dt} = \dfrac{1}{L_1}(v_g - v_{C2} - (1-q)v_{C1}) \\ \dfrac{dv_{C1}}{dt} = \dfrac{1}{C_1}\left((1-q)i_{L1} - qi_{L2} - \dfrac{v_{C1} - v_{Cd}}{R_d}\right) \\ \dfrac{di_{L2}}{dt} = \dfrac{1}{L_2}(qv_{C1} - v_{C2}) \\ \dfrac{dv_{C2}}{dt} = \dfrac{1}{C_2}(i_{L1} + i_{L2} - \dfrac{v_{C2}}{R}) \\ \dfrac{dv_{Cd}}{dt} = \dfrac{v_{C1} - v_{Cd}}{C_dR_d} \end{cases} \qquad （2-11）$$

对上述方程组中状态变量进行周期平均，得到稳态时电感电流和电容电压的直流量表达式：

$$\begin{cases} V_{C1} = V_g \\ V_{C2} = D_{ss}V_g \\ I_{L1} = \dfrac{D_{ss}^2}{R}V_g \\ I_{L2} = \dfrac{D_{ss}(1-D_{ss})}{R}V_g \\ V_{Cd} = V_g \end{cases} \qquad （2-12）$$

　　由式（2-12）可知，阻尼回路不会影响电路本身的稳态直流量。经过分离扰动变量及线性化，化简后得到小信号表达式如下：

$$
\begin{cases}
\dfrac{\mathrm{d}\hat{i}_{L1}}{\mathrm{d}t} = \dfrac{D_{ss}-1}{L_1}\hat{v}_{C1} - \dfrac{1}{L_1}\hat{v}_{C2} + \dfrac{V_{C1}}{L_1}\hat{d} + \dfrac{1}{L_1}\hat{v}_g \\[2mm]
\dfrac{\mathrm{d}\hat{v}_{C1}}{\mathrm{d}t} = \dfrac{1-D_{ss}}{C_1}\hat{i}_{L1} - \dfrac{1}{R_dC_1}\hat{v}_{C1} - \dfrac{D_{ss}}{C_1}\hat{i}_{L2} + \dfrac{1}{R_dC_1}\hat{v}_{Cd} - \dfrac{(I_{L1}+I_{L2})}{C_1}\hat{d} \\[2mm]
\dfrac{\mathrm{d}\hat{i}_{L2}}{\mathrm{d}t} = \dfrac{D_{ss}}{L_2}\hat{v}_{C1} - \dfrac{1}{L_2}\hat{v}_{C2} + \dfrac{V_{C1}}{L_2}\hat{d} \\[2mm]
\dfrac{\mathrm{d}\hat{v}_{C2}}{\mathrm{d}t} = \dfrac{1}{C_2}\hat{i}_{L1} + \dfrac{1}{C_2}\hat{i}_{L2} - \dfrac{1}{C_2R}\hat{v}_{C2} \\[2mm]
\dfrac{\mathrm{d}\hat{v}_{Cd}}{\mathrm{d}t} = \dfrac{1}{R_dC_d}\hat{v}_{C1} - \dfrac{1}{R_dC_d}\hat{v}_{Cd}
\end{cases}
\tag{2-13}
$$

　　忽略输入电压扰动$\hat{v}_g$，得到直接占空比控制下的Superbuck电路的线性模型矩阵方程为：

$$
A = \begin{bmatrix}
0 & \dfrac{D_{ss}-1}{L_1} & 0 & -\dfrac{1}{L_1} & 0 \\[2mm]
\dfrac{1-D_{ss}}{C_1} & -\dfrac{1}{R_dC_1} & -\dfrac{D_{ss}}{C_1} & 0 & \dfrac{1}{R_dC_1} \\[2mm]
0 & \dfrac{D_{ss}}{L_2} & 0 & -\dfrac{1}{L_2} & 0 \\[2mm]
\dfrac{1}{C_2} & 0 & \dfrac{1}{C_2} & -\dfrac{1}{RC_2} & 0 \\[2mm]
0 & \dfrac{1}{R_dC_d} & 0 & 0 & -\dfrac{1}{R_dC_d}
\end{bmatrix}
\tag{2-14}
$$

$$
B = \begin{bmatrix} \dfrac{V_g}{L_1} & \dfrac{-D_{ss}V_g}{RC_1} & \dfrac{V_g}{L_2} & 0 & 0 \end{bmatrix}^{\mathrm{T}}
\tag{2-15}
$$

　　状态变量 $X = \begin{bmatrix} \hat{i}_{L1} & \hat{v}_{C1} & \hat{i}_{L2} & \hat{v}_{C2} & \hat{v}_{Cd} \end{bmatrix}^{\mathrm{T}}$，$\hat{v}_{out} = \hat{v}_{C2}$，由此得到输出电压$\hat{v}_{out}$对占空比$\hat{d}$的传递函数为：

$$
G_{vd}(s) = \frac{\hat{v}_{out}}{\hat{d}} = \frac{a_3s^3 + a_2s^2 + a_1s + a_0}{b_5s^5 + b_4s^4 + b_3s^3 + b_2s^2 + b_1s + b_0}
\tag{2-16}
$$

　　分子项系数表达式如下：

$$
a_3 = C_1C_dR_d(L_1 + L_2)
\tag{2-17}
$$

$$
a_2 = (C_1 + C_d)(L_1 + L_2) + \frac{C_dD_{ss}R_d(L_2 - D_{ss}L_1 - D_{ss}L_2)}{R}
\tag{2-18}
$$

$$
a_1 = C_dR_d + \frac{D_{ss}(L_2 - D_{ss}L_2 - D_{ss}L_1)}{R}
\tag{2-19}
$$

$$
a_0 = 1
\tag{2-20}
$$

　　将式（2-10）代入式（2-18）、式（2-19），根据劳斯判据，为了避免RHP零点，需要满足如下不等式组：

$$
a_2 = (C_1 + C_d)(L_1 + L_2) + \frac{D_{ss}C_dR_d\Delta}{R} > 0
\tag{2-21}
$$

$$a_1 = C_d R_d + \frac{D_{ss}\Delta}{R} > 0 \tag{2-22}$$

$$a_1 a_2 - a_0 a_3 = \left[ (C_1 + C_d)(L_1 + L_2) + \frac{D_{ss}C_d R_d \Delta}{R} \right]\left[ C_d R_d + \frac{D_{ss}\Delta}{R} \right] - C_1 C_d R_d (L_1 + L_2) > 0 \tag{2-23}$$

上述约束条件为消除被控对象RHP零点的充要条件，但是过于复杂，不利于参数设计。由于阻尼回路中的电容$C_d$需要提供低阻抗通路，使电阻$R_d$起到阻尼作用，为此提出第一个假设条件：$C_d >> C_1$，式（2-21）可化简为：

$$(L_1 + L_2) + \frac{D_{ss}R_d \Delta}{R} > 0 \tag{2-24}$$

式（2-23）可化简为：

$$\left[ (L_1 + L_2) + \frac{D_{ss}R_d \Delta}{R} \right]\left[ C_d R_d + \frac{D_{ss}\Delta}{R} \right] - C_1 R_d (L_1 + L_2) > 0 \tag{2-25}$$

将式（2-10）代入式（2-25）得到：

$$\left[ (1 - \frac{R_d D_{ss}^2}{R})(L_1 + L_2) + \frac{D_{ss}R_d}{R}L_2 \right]\left[ C_d R_d + \frac{D_{ss}\Delta}{R} \right] - C_1 R_d (L_1 + L_2) > 0 \tag{2-26}$$

为了进一步对上式进行化简，提出第二个假设条件：$R_d << R/D_{ss}$。根据假设条件，并且由于$D_{ss} < 1$，因此式（2-26）可以化简为：

$$\left[ (L_1 + L_2) + \frac{D_{ss}R_d}{R}L_2 \right]\left[ C_d R_d + \frac{D_{ss}\Delta}{R} \right] - C_1 R_d (L_1 + L_2) > 0 \tag{2-27}$$

采用假设条件$R_d << R/D_{ss}$对上式进一步化简，可得：

$$(C_d R_d + \frac{D_{ss}\Delta}{R}) - C_1 R_d > 0 \tag{2-28}$$

如果参数满足式（2-28），则式（2-22）自然满足，可以省略。由于这里讨论的是$\Delta < 0$的情况，因此式（2-24）可以化简为式（2-29），式（2-28）可以化简为式（2-30）：

$$R_d < -\frac{R(L_1 + L_2)}{D_{ss}\Delta} \tag{2-29}$$

$$C_d > C_1 - \frac{D_{ss}\Delta}{RR_d} \tag{2-30}$$

上述两不等式即分别对应式（2-21）和式（2-23）的化简结果。

对上述两不等式进一步分析，将式（2-10）代入式（2-29），得到：

$$R_d < \frac{R}{D_{ss}(D_{ss} - \frac{L_2}{L_1 + L_2})} \tag{2-31}$$

由于这里讨论的是$\Delta < 0$的情况，所以有：

$$0 < D_{ss} - \frac{L_2}{L_1 + L_2} < 1 \tag{2-32}$$

因此式（2-31）的右边项一定大于$R/D_{ss}$，由于第二个假定条件为$R_d << R/D_{ss}$，所以式（2-31）自然满足，可以省略。

另外，在不考虑功率损耗的情况下，由于$R/D_{ss}$可以表示为：

$$\frac{R}{D_{ss}} = \frac{D_{ss} V_g^2}{P} \tag{2-33}$$

其中$P$表示功率。综上所述，根据两个假设条件以及对上述不等式组的化简结果可知，当主电路参数设计无法满足式（2-9）时，加入阻尼之后如果满足：

$$\begin{cases} R_d << \dfrac{D_{ss} V_g^2}{P} \\ C_d >> C_1 \\ C_d > C_1 - \dfrac{D_{ss} \Delta}{R R_d} \end{cases} \tag{2-34}$$

即可实现系统RHP无零点。其中，前两个不等式是讨论时的假设条件，第三个不等式是对式（2-21）~式（2-23）简化之后的结果。

需要说明的是，此判定条件为简化阻尼回路参数设计的充分条件，而不是充要条件。由于$C_1$电容在Superbuck电路中作为储能电容，没有纹波要求，所以其容值可以设计得尽量小一些，这样$C_d$电容值不用过大，即可实现变换器没有RHP零点。

## 2.3.2　耦合电感型Superbuck电路

由于Superbuck变换器中存在两个电感，在变换器的设计过程中经常采用将电感耦合的方式降低电流纹波，减小电感体积。为此，这里针对耦合电感型Superbuck变换器进行分析，提出阻尼设计的方法。图2-5表示采用耦合电感构成的Superbuck电路拓扑图，设耦合系数为$k$，则互感$M = k\sqrt{L_1 L_2}$，其中耦合系数$k \leq 1$。

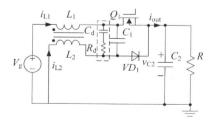

图2-5　耦合电感型Superbuck电路

（1）无阻尼回路的耦合电感型Superbuck电路

首先讨论无阻尼回路的耦合电感型Superbuck电路实现RHP无零点的条件。更改式（2-2）、式（2-4）中的电感电压回路方程，得到线性模型矩阵方程：

$$
A = \begin{bmatrix}
0 & \dfrac{L_2 - D_{ss}L_2 + D_{ss}M}{M^2 - L_1L_2} & 0 & \dfrac{L_2 - M}{M^2 - L_1L_2} \\
\dfrac{1 - D_{ss}}{C_1} & 0 & -\dfrac{D_{ss}}{C_1} & 0 \\
0 & \dfrac{D_{ss}M - D_{ss}L_1 - M}{M^2 - L_1L_2} & 0 & \dfrac{L_1 - M}{M^2 - L_1L_2} \\
\dfrac{1}{C_2} & 0 & \dfrac{1}{C_2} & -\dfrac{1}{RC_2}
\end{bmatrix}
\tag{2-35}
$$

$$
B = \begin{bmatrix} \dfrac{V_g(M - L_2)}{M^2 - L_1L_2} & \dfrac{-D_{ss}V_g}{RC_1} & \dfrac{V_g(M - L_1)}{M^2 - L_1L_2} & 0 \end{bmatrix}^{\mathrm{T}}
\tag{2-36}
$$

由于$\hat{v}_{out} = \hat{v}_{C2}$，由此得到输出电压$\hat{v}_{out}$对占空比$\hat{d}$的传递函数的分子多项式为：

$$
C_1(L_1 + L_2 - 2M)s^2 + \dfrac{D_{ss}(\varDelta + (2D_{ss} - 1)M)}{R}s + 1
\tag{2-37}
$$

因为$L_1 + L_2 - 2M = L_1 + L_2 - 2k\sqrt{L_1L_2} > 0$，所以当式（2-37）实现无RHP的根，需要满足：

$$
\varDelta + M(2D_{ss} - 1) > 0
\tag{2-38}
$$

可以看到，如果耦合系数$k = 0$时，式（2-38）与独立电感情况下的式（2-9）一致。与式（2-9）相比，电感耦合之后主电路参数的设计条件比电感独立情况更加苛刻。当电路的稳态工作点占空比较大时，根据输入纹波确定电感$L_1$的值之后，若满足RHP无零点的条件，会使得电感$L_2$的值过大。为此对加入阻尼回路的耦合电感型Superbuck电路进行分析，讨论$\varDelta + M(2D_{ss} - 1) < 0$的情况。

（2）带阻尼回路的耦合电感型Superbuck电路

在图2-5中电容$C_1$两端并联阻尼回路，进行建模分析，得到线性模型矩阵方程：

$$
A = \begin{bmatrix}
0 & \dfrac{D_{ss}M + L_2(1 - D_{ss})}{M^2 - L_1L_2} & 0 & \dfrac{L_2 - M}{M^2 - L_1L_2} & 0 \\
\dfrac{1 - D_{ss}}{C_1} & -\dfrac{1}{C_1R_d} & -\dfrac{D_{ss}}{C_1} & 0 & \dfrac{1}{C_1R_d} \\
0 & \dfrac{D_{ss}M - M - D_{ss}L_1}{M^2 - L_1L_2} & 0 & \dfrac{L_1 - M}{M^2 - L_1L_2} & 0 \\
\dfrac{1}{C_2} & 0 & \dfrac{1}{C_2} & -\dfrac{1}{RC_2} & 0 \\
0 & \dfrac{1}{C_dR_d} & 0 & 0 & -\dfrac{1}{C_dR_d}
\end{bmatrix}
\tag{2-39}
$$

$$
B = \begin{bmatrix} \dfrac{V_g(M - L_2)}{M^2 - L_1L_2} & \dfrac{-D_{ss}V_g}{RC_1} & \dfrac{V_g(M - L_1)}{M^2 - L_1L_2} & 0 & 0 \end{bmatrix}^{\mathrm{T}}
\tag{2-40}
$$

状态变量$X = [\hat{i}_{L1} \quad \hat{v}_{C1} \quad \hat{i}_{L2} \quad \hat{v}_{C2} \quad \hat{v}_{Cd}]^{\mathrm{T}}$，由此得到输出电压$\hat{v}_{out}$对占空比$\hat{d}$的传递函数为：

$$G_{vd}(s) = \frac{\hat{v}_{out}}{\hat{d}} = \frac{c_3 s^3 + c_2 s^2 + c_1 s + c_0}{d_5 s^5 + d_4 s^4 + d_3 s^3 + d_2 s^2 + d_1 s + d_0} \quad （2-41）$$

分子项系数表达式如下：

$$c_3 = C_1 C_d R_d (L_1 + L_2 - 2M) \quad （2-42）$$

$$c_2 = (C_1 + C_d)(L_1 + L_2 - 2M) + \frac{C_d D_{ss} R_d (\Delta + (2D_{ss} - 1)M)}{R} \quad （2-43）$$

$$c_1 = C_d R_d + \frac{D_{ss}(\Delta + (2D_{ss} - 1)M)}{R} \quad （2-44）$$

$$c_0 = 1 \quad （2-45）$$

由式（2-42）、式（2-45）可知，$c_3 > 0$，$c_0 > 0$ 自然满足，加入阻尼回路的目标是实现电路在极大占空比下消除RHP零点的问题，因此针对主电路参数在不满足式（2-38）的情况进行研究，即针对：

$$\Delta + M(2D_{ss} - 1) < 0 \quad （2-46）$$

的情况进行研究。因此当变换器模型中不存在RHP零点时，需要满足不等式组：

$$c_2 = (C_1 + C_d)(L_1 + L_2 - 2M) + \frac{D_{ss} C_d R_d (\Delta + (2D_{ss} - 1)M)}{R} > 0 \quad （2-47）$$

$$c_1 = C_d R_d + \frac{D_{ss}(\Delta + (2D_{ss} - 1)M)}{R} > 0 \quad （2-48）$$

$$c_1 c_2 - c_0 c_3 = \left[ (C_1 + C_d)(L_1 + L_2 - 2M) + \frac{D_{ss} C_d R_d (\Delta + (2D_{ss} - 1)M)}{R} \right]\left[ C_d R_d + \frac{D_{ss}(\Delta + (2D_{ss} - 1)M)}{R} \right] - C_1 C_d R_d (L_1 + L_2 - 2M) > 0 \quad （2-49）$$

进行同样假设 $C_d >> C_1$，$R_d << R/D_{ss}$，得到式（2-47）化简后的表达形式为：

$$(L_1 + L_2 - 2M) + \frac{D_{ss} R_d (\Delta + (2D_{ss} - 1)M)}{R} > 0 \quad （2-50）$$

由式（2-46）可知，式（2-50）可等价为：

$$R_d < \frac{R}{D_{ss}(D_{ss} - \frac{L_2 - M}{L_1 + L_2 - 2M})} \quad （2-51）$$

由式（2-46）可知：

$$0 < D_{ss} - \frac{L_2 - M}{L_1 + L_2 - 2M} < 1 \quad （2-52）$$

所以在假设条件 $R_d << R/D_{ss}$ 下，式（2-51）自然成立，可以省略。

式（2-49）可变换为：

$$\left[ (1 - \frac{D_{ss}^2 R_d}{R})(L_1 + L_2 - 2M) + \frac{D_{ss} R_d}{R}(L_2 - M) \right]\left[ C_d R_d + \frac{D_{ss}(\Delta + (2D_{ss} - 1)M)}{R} \right] - C_1 R_d (L_1 + L_2 - 2M) > 0 \quad （2-53）$$

由 $R_d << R/D_{ss}$ 可知，式（2-53）可化简为：

$$\left[C_\mathrm{d}R_\mathrm{d}+\frac{D_\mathrm{ss}(\varDelta+(2D_\mathrm{ss}-1)M)}{R}\right]-C_\mathrm{l}R_\mathrm{d}>0 \tag{2-54}$$

若阻尼参数设计满足式（2-54），则自然满足式（2-48），综上所述，得到加入阻尼回路的耦合电感型Superbuck电路无RHP零点的条件为：

$$\begin{cases}R_\mathrm{d}<<\dfrac{D_\mathrm{ss}V_\mathrm{g}^2}{P}\\[3mm]C_\mathrm{d}>>C_\mathrm{l}\\[3mm]C_\mathrm{d}>C_\mathrm{l}-\dfrac{D_\mathrm{ss}(\varDelta+(2D_\mathrm{ss}-1)M)}{RR_\mathrm{d}}\end{cases} \tag{2-55}$$

综上所述，式（2-34）和式（2-55）分别针对电感独立和电感耦合情况提出了阻尼设计的约束条件。当两电感相互独立，没有耦合关系时，等同于电感耦合系数$k=0$，此时互感系数$M=0$，在这种情况下，阻尼设计条件构成的式（2-55）与式（2-34）一致。

# 2.4　蓄电池负载的Superbuck变换器模型分析

当Superbuck电路作为蓄电池充电调节器时，其输出端负载不能等效为简单的电阻，而应该等效为电阻和电压源的串联形式。这样会导致模型发生变化，为此针对蓄电池负载的Superbuck变换器模型进行分析。

## 2.4.1　独立电感型Superbuck电路

这里首先针对独立电感型Superbuck变换器加入阻尼前后的小信号模型进行分析，如图2-6所示，其中$D_\mathrm{ss}V_\mathrm{g}>V_\mathrm{bat}$。

（1）无阻尼回路的Superbuck电路

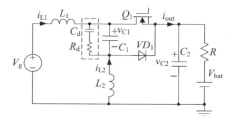

图2-6　带有蓄电池负载的Superbuck主电路拓扑

对图2-6中无阻尼的电路拓扑列写状态方程，得到状态空间表达式中的矩阵为：

$$A = \begin{bmatrix} 0 & \dfrac{D_{ss}-1}{L_1} & 0 & -\dfrac{1}{L_1} \\ \dfrac{1-D_{ss}}{C_1} & 0 & -\dfrac{D_{ss}}{C_1} & 0 \\ 0 & \dfrac{D_{ss}}{L_2} & 0 & -\dfrac{1}{L_2} \\ \dfrac{1}{C_2} & 0 & \dfrac{1}{C_2} & -\dfrac{1}{RC_2} \end{bmatrix} \tag{2-56}$$

$$B = \begin{bmatrix} \dfrac{V_g}{L_1} & -\dfrac{D_{ss}V_g - V_{bat}}{RC_1} & \dfrac{V_g}{L_2} & 0 \end{bmatrix}^T \tag{2-57}$$

状态变量 $X = [\hat{i}_{L1} \ \hat{v}_{C1} \ \hat{i}_{L2} \ \hat{v}_{C2}]^T$，通过计算可以得到输出电压对占空比的传递函数，其分子多项式为：

$$C_1(L_1 + L_2)s^2 + \frac{(D_{ss}V_g - V_{bat})\varDelta}{RV_g}s + 1 \tag{2-58}$$

由上式可知，变换器模型中不存在RHP零点的充要条件依然为式（2-9），即输出负载没有影响变换器模型避免RHP零点的条件。

（2）加入阻尼回路后的Superbuck电路

当占空比 $D_{ss}$ 过大造成主电路电感不易选取而无法满足式（2-9）时，需要讨论 $\varDelta < 0$ 的情况。对图2-6中加入阻尼回路的电路进行研究，列写状态方程，得到状态空间表达式中的矩阵为：

$$A = \begin{bmatrix} 0 & \dfrac{D_{ss}-1}{L_1} & 0 & -\dfrac{1}{L_1} & 0 \\ \dfrac{1-D_{ss}}{C_1} & -\dfrac{1}{R_d C_1} & -\dfrac{D_{ss}}{C_1} & 0 & \dfrac{1}{R_d C_1} \\ 0 & \dfrac{D_{ss}}{L_2} & 0 & -\dfrac{1}{L_2} & 0 \\ \dfrac{1}{C_2} & 0 & \dfrac{1}{C_2} & -\dfrac{1}{RC_2} & 0 \\ 0 & \dfrac{1}{R_d C_d} & 0 & 0 & -\dfrac{1}{R_d C_d} \end{bmatrix} \tag{2-59}$$

$$B = \begin{bmatrix} \dfrac{V_g}{L_1} & -\dfrac{D_{ss}V_g - V_{bat}}{RC_1} & \dfrac{V_g}{L_2} & 0 & 0 \end{bmatrix}^T \tag{2-60}$$

状态变量 $X = [\hat{i}_{L1} \ \hat{v}_{C1} \ \hat{i}_{L2} \ \hat{v}_{C2} \ \hat{v}_{Cd}]^T$，计算输出电压模型得到的传递函数较为复杂，这里仅列出分子多项式各项系数：

$$e_3 s^3 + e_2 s^2 + e_1 s + e_0 \tag{2-61}$$

$$e_3 = C_1 C_d R_d (L_1 + L_2) \tag{2-62}$$

$$e_2 = (C_1 + C_d)(L_1 + L_2) + \frac{(D_{ss}V_g - V_{bat})C_d R_d \varDelta}{RV_g} \tag{2-63}$$

$$e_1 = C_d R_d + \frac{(D_{ss}V_g - V_{bat})\Delta}{RV_g} \tag{2-64}$$

$$e_0 = 1 \tag{2-65}$$

由于其中 $e_3 > 0$ 且 $e_0 > 0$，所以当变换器模型中不存在RHP零点时，需要满足：

$$\begin{cases} e_2 > 0 \\ e_1 > 0 \\ e_1 e_2 - e_0 e_3 > 0 \end{cases} \tag{2-66}$$

当假设 $C_d \gg C_1$ 时，可以将 $e_2 > 0$ 化简为：

$$(L_1 + L_2) + \frac{(D_{ss}V_g - V_{bat})R_d\Delta}{RV_g} > 0 \tag{2-67}$$

$e_1 > 0$ 等效变换为：

$$C_d > -\frac{(D_{ss}V_g - V_{bat})\Delta}{R_d RV_g} \tag{2-68}$$

$e_1 e_2 - e_0 e_3 > 0$ 化简为：

$$\left[C_d R_d + \frac{\Delta(D_{ss}V_g - V_{bat})}{RV_g}\right]\left[(L_1 + L_2)(1 - \frac{R_d D_{ss}(D_{ss}V_g - V_{bat})}{RV_g}) + \frac{R_d(D_{ss}V_g - V_{bat})L_2}{RV_g}\right] - C_1 R_d(L_1 + L_2) > 0 \tag{2-69}$$

上式较为复杂，如果假设：

$$R_d(D_{ss}V_g - V_{bat}) \ll RV_g \tag{2-70}$$

也就是 $R_d \ll V_g/I_{out} = D_{ss}V_g^2/P$，则式（2-69）可以化简为：

$$C_d > C_1 - \frac{(D_{ss}V_g - V_{bat})\Delta}{R_d RV_g} \tag{2-71}$$

又由于式（2-67）可表达为：

$$R_d < -\frac{(L_1 + L_2)RV_g}{\Delta(D_{ss}V_g - V_{bat})} \tag{2-72}$$

由于 $\Delta < 0$，因此有：

$$-\frac{L_1 + L_2}{\Delta} = \frac{1}{D_{ss} - (\frac{L_2}{L_1 + L_2})} > 1 \tag{2-73}$$

所以与式（2-70）相比，式（2-72）可以省略。综上所述，通过提出假设条件，得到保证电路模型中不存在RHP零点的充分条件为

$$\begin{cases} R_d \ll \dfrac{D_{ss}V_g^2}{P} \\ C_d \gg C_1 \\ C_d > C_1 - \dfrac{\Delta(D_{ss}V_g - V_{bat})}{R_d RV_g} \end{cases} \tag{2-74}$$

式（2-74）中的前两个不等式为简化的假设条件，通过选取合适的阻尼回路参数满足式（2-74）即可消除RHP零点。

## 2.4.2 耦合电感型Superbuck电路

与电感独立的情况相对应，这里针对耦合电感型Superbuck变换器加入阻尼回路前后的模型进行分析。

（1）无阻尼回路的Superbuck电路

当负载为蓄电池模型时，耦合电感构成的Superbuck电路拓扑如图2-7所示，其中$D_{ss}V_g > V_{bat}$。

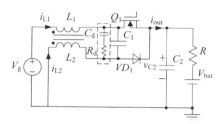

图2-7 带有蓄电池负载的耦合电感型Superbuck电路

通过列写状态方程，可知负载的模型变化不会影响状态空间表达式中的矩阵$A$，仅会改变矩阵$B$，通过计算，得到状态空间表达式中的矩阵为：

$$A = \begin{bmatrix} 0 & \dfrac{L_2 - D_{ss}L_2 + D_{ss}M}{M^2 - L_1L_2} & 0 & \dfrac{L_2 - M}{M^2 - L_1L_2} \\ \dfrac{1 - D_{ss}}{C_1} & 0 & -\dfrac{D_{ss}}{C_1} & 0 \\ 0 & \dfrac{D_{ss}M - D_{ss}L_1 - M}{M^2 - L_1L_2} & 0 & \dfrac{L_1 - M}{M^2 - L_1L_2} \\ \dfrac{1}{C_2} & 0 & \dfrac{1}{C_2} & -\dfrac{1}{RC_2} \end{bmatrix} \qquad (2-75)$$

$$B = \left[ \dfrac{V_g(M - L_2)}{M^2 - L_1L_2} \quad -\dfrac{D_{ss}V_g - V_{bat}}{RC_1} \quad \dfrac{V_g(M - L_1)}{M^2 - L_1L_2} \quad 0 \right]^T \qquad (2-76)$$

状态变量$X = [\hat{i}_{L1} \quad \hat{v}_{C1} \quad \hat{i}_{L2} \quad \hat{v}_{C2}]^T$，通过计算可以得到输出电压对占空比的传递函数，这里仅列出分子多项式：

$$C_1(L_1 + L_2 - 2M)s^2 + \dfrac{(D_{ss}V_g - V_{bat})(\Delta + (2D_{ss} - 1)M)}{RV_g}s + 1 \qquad (2-77)$$

由上式可知，模型中不存在RHP零点的充要条件依然为不等式（2-38）。

（2）加入阻尼回路后的Superbuck电路

当占空比$D_{ss}$过大造成主电路电感不易选取无法满足式（2-38）时，需要加入阻尼回路，

得到状态空间表达式矩阵:

$$A = \begin{bmatrix} 0 & \dfrac{D_{ss}M + L_2(1-D_{ss})}{M^2 - L_1 L_2} & 0 & \dfrac{L_2 - M}{M^2 - L_1 L_2} & 0 \\ \dfrac{1-D_{ss}}{C_1} & -\dfrac{1}{C_1 R_d} & -\dfrac{D_{ss}}{C_1} & 0 & \dfrac{1}{C_1 R_d} \\ 0 & \dfrac{D_{ss}M - M - D_{ss}L_1}{M^2 - L_1 L_2} & 0 & \dfrac{L_1 - M}{M^2 - L_1 L_2} & 0 \\ \dfrac{1}{C_2} & 0 & \dfrac{1}{C_2} & -\dfrac{1}{RC_2} & 0 \\ 0 & \dfrac{1}{C_d R_d} & 0 & 0 & -\dfrac{1}{C_d R_d} \end{bmatrix} \tag{2-78}$$

$$B = \left[ \dfrac{V_g(M-L_2)}{M^2 - L_1 L_2} \quad -\dfrac{D_{ss}V_g - V_{bat}}{RC_1} \quad \dfrac{V_g(M-L_1)}{M^2 - L_1 L_2} \quad 0 \quad 0 \right]^T \tag{2-79}$$

状态变量 $X = \begin{bmatrix} \hat{i}_{L1} & \hat{v}_{C1} & \hat{i}_{L2} & \hat{v}_{C2} & \hat{v}_{Cd} \end{bmatrix}^T$,计算输出电压模型得到的传递函数较为复杂,这里仅列出分子多项式:

$$f_3 s^3 + f_2 s^2 + f_1 s + f_0 \tag{2-80}$$

式中,$f_3$、$f_2$、$f_1$、$f_0$分别是:

$$f_3 = C_1 C_d R_d (L_1 + L_2 - 2M) \tag{2-81}$$

$$f_2 = (C_1 + C_d)(L_1 + L_2 - 2M) + \dfrac{C_d R_d (D_{ss}V_g - V_{bat})(\Delta + (2D_{ss}-1)M)}{RV_g} \tag{2-82}$$

$$f_1 = C_d R_d + \dfrac{(D_{ss}V_g - V_{bat})(\Delta + (2D_{ss}-1)M)}{RV_g} \tag{2-83}$$

$$f_0 = 1 \tag{2-84}$$

由于其中$f_3 > 0$且$f_0 > 0$,所以只需要满足:

$$\begin{cases} f_2 > 0 \\ f_1 > 0 \\ f_1 f_2 - f_0 f_3 > 0 \end{cases} \tag{2-85}$$

当假设$C_d \gg C_1$时,可以将$f_2 > 0$化简为:

$$(L_1 + L_2 - 2M) + \dfrac{R_d(D_{ss}V_g - V_{bat})[\Delta + (2D_{ss}-1)M]}{RV_g} > 0 \tag{2-86}$$

$f_1 > 0$等效变换为:

$$C_d > -\dfrac{(D_{ss}V_g - V_{bat})[\Delta + (2D_{ss}-1)M]}{R_d RV_g} \tag{2-87}$$

当假设$R_d(D_{ss}V_g - V_{bat}) \ll RV_g$,也就是$R_d \ll V_g/I_{out} = D_{ss}V_g^2/P$时,$f_1 f_2 - f_0 f_3 > 0$可以化简为:

$$C_d > C_1 - \dfrac{(\Delta + (2D_{ss}-1)M)(D_{ss}V_g - V_{bat})}{R_d RV_g} \tag{2-88}$$

综上所述，系统满足RHP无零点的条件为：

$$\begin{cases} R_d << \dfrac{D_{ss}V_g^2}{P} \\ C_d >> C_1 \\ C_d > C_1 - \dfrac{(\Delta + (2D_{ss} - 1)M)(D_{ss}V_g - V_{bat})}{R_d R V_g} \end{cases}$$ （2-89）

由上述推论可知，耦合电感Superbuck变换器连接蓄电池负载时，阻尼回路参数的设计只要满足式（2-89）即可保证变换器的被控对象传递函数中避免RHP零点。表2-1总结了针对不同工况时Superbuck变换器消除RHP零点的阻尼回路设计方法。

**避免RHP零点的Superbuck阻尼参数设计方法** 表2-1

| 独立电感Superbuck变换器的阻尼设计方法（$\Delta = L_2 - L_2 D_{ss} - L_1 D_{ss}$） | | | |
|---|---|---|---|
| **电阻负载** | | **蓄电池负载** | |
| $\Delta > 0$ | $\Delta < 0$ $\begin{cases} R_d << \dfrac{D_{ss}V_g^2}{P} \\ C_d >> C_1 \\ C_d > C_1 - \dfrac{D_{ss}\Delta}{RR_d} \end{cases}$ | $\Delta > 0$ | $\Delta < 0$ $\begin{cases} R_d << \dfrac{D_{ss}V_g^2}{P} \\ C_d >> C_1 \\ C_d > C_1 - \dfrac{\Delta(D_{ss}V_g - V_{bat})}{R_d R V_g} \end{cases}$ |
| **耦合电感Superbuck变换器的阻尼设计方法（$\Delta = L_2 - L_2 D_{ss} - L_1 D_{ss}$）** | | | |
| **电阻负载** | | **蓄电池负载** | |
| $\Delta + M(2D_{ss} - 1) > 0$ | $\Delta + M(2D_{ss} - 1) < 0$ $\begin{cases} R_d << \dfrac{D_{ss}V_g^2}{P} \\ C_d >> C_1 \\ C_d > C_1 - \dfrac{D_{ss}(\Delta + (2D_{ss} - 1)M)}{RR_d} \end{cases}$ | $\Delta + M(2D_{ss} - 1) > 0$ | $\Delta + M(2D_{ss} - 1) < 0$ $\begin{cases} R_d << \dfrac{D_{ss}V_g^2}{P} \\ C_d >> C_1 \\ C_d > C_1 - \dfrac{(\Delta + (2D_{ss} - 1)M)(D_{ss}V_g - V_{bat})}{R_d R V_g} \end{cases}$ |

## 2.5 峰值电流控制方式下的阻尼设计方法的讨论

上文针对变换器的占空比-输出电压传递函数模型进行了分析，因此上述结论可直接用于三角波调制的直接占空比控制方式。在实际应用中，峰值电流控制的方式常应用于变换器以提高响应速度，因此，这里对峰值电流控制方式下的阻尼回路设计方法进行讨论。

峰值电流控制（Peak Current Mode, PCM）经常被引入DC-DC变换器中以提高系统响应速度，提高系统输出电压对输入电压的抗扰动性，因而被广泛使用在Superbuck电路中。DC-DC变换器在PCM下的精确模型如图2-8所示，其中$\hat{v}_g$表示输入电压扰动，$\hat{d}$表示占空比扰动，$\hat{i}_c$表示控制量电感电流信号的扰动量，$\hat{v}_{out}$表示输出电压扰动，$\hat{i}_L$表示电感电流扰动。

　　DC-DC变换器在峰值电流控制下输出电压的传递函数如式（2-90）所示：

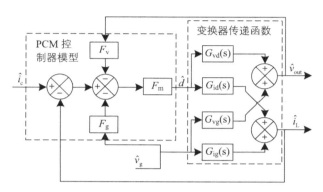

图2-8　峰值电流控制的变换器模型框图

$$\hat{v}_{out} = \frac{F_m G_{vd}}{1 + F_m(G_{id} + F_v G_{vd})}\hat{i}_c + \frac{G_{vg} - F_m F_g G_{vd} + F_m(G_{vg}G_{id} - G_{ig}G_{vd})}{1 + F_m(G_{id} + F_v G_{vd})}\hat{v}_g \qquad （2-90）$$

　　其输出电压$\hat{v}_{out}$对控制量电感电流$\hat{i}_c$的传递函数$G_{vc}$表示为：

$$G_{vc}(s) = \frac{\hat{v}_{out}(s)}{\hat{i}_c(s)}\Big|_{\hat{v}_{g(s)}=0} = \frac{F_m G_{vd}}{1 + F_m(G_{id} + F_v G_{vd})} \qquad （2-91）$$

　　其中$G_{vd}$表示输出电压$\hat{v}_{out}$对占空比$\hat{d}$传递函数，$G_{id}$表示电感电流$\hat{i}_L$对占空比$\hat{d}$传递函数，$F_m = 1/M_a T_s$，$M_a$表示斜坡补偿斜率，$T_s$为开关周期。若选择Superbuck输入电感电流为控制量，则$F_v = (1 - 2D_{ss})T_s/2L_1$。

　　对于某一具体的电路，电路拓扑的特征矩阵A是不变的，也就意味着$G_{vd}$与$G_{id}$具有相同的分母。由式（2-91）可得，峰值电流控制只对传递函数的直流增益和极点有影响，而不会改变其零点，其分子多项式零点与直接占空比控制模式下的零点是相同的，所以当加入阻尼回路的Superbuck电路采用PCM方式进行控制时，变换器避免RHP零点的条件与其采用直接占空比控制下所需满足的条件相同；同理，耦合电感型Superbuck电路在PCM方式下避免RHP零点的条件与其采用直接占空比控制方式下的条件相同。

## 2.6　控制输出电流时阻尼设计方法的讨论

由于DC-DC变换器的输出电流也常作为被控量进行恒流输出，因此这里对Superbuck变换器在控制输出电流时的阻尼回路设计方法进行讨论。由于Superbuck电路的小信号模型中其输出电压$\hat{v}_{out}$与输出电流$\hat{i}_{out}$之间的关系可以表述为（当负载为蓄电池时，恒压源的小信号模型为短路）：

$$\frac{\hat{v}_{out}(s)}{\hat{i}_{out}(s)} = \frac{R}{sC_2R + 1} \tag{2-92}$$

所以其输出电流$\hat{i}_{out}$对占空比$\hat{d}$的传递函数可以表达为：

$$G_{id} = G_{vd} \cdot \frac{\hat{i}_{out}}{\hat{v}_{out}} = G_{vd} \cdot \frac{sC_2R + 1}{R} \tag{2-93}$$

通过式（2-93）可知，输出电流模型中的零点与输出电压模型相比仅增加一个负载电阻及输出电容引起的负实数零点。所以当Superbuck电路的阻尼参数设计条件满足表2-1所示的约束条件时，其占空比-输出电压传递函数$G_{vd}$和占空比-输出电流传递函数$G_{id}$中均不存在RHP零点，由此可简化恒压输出或者恒流输出的控制器设计。

## 2.7　阻尼回路设计方法的算例分析

针对上文中提出的阻尼回路设计方法，为了直观起见，这里以图2-4中的独立电感型Superbuck变换器为例，通过一个算例来计算Superbuck变换器加入不同阻尼回路参数时对应的被控对象传递函数，对上文提出的阻尼回路设计方法，即式（2-34），进行分析验证。所选用的Superbuck主电路参数及稳态输入输出条件如表2-2所示。这里分别针对直接占空比控制和PCM控制的方式进行分析，对应的被控对象传递函数如图2-9～图2-12所示。

| 理论计算和实验参数 | 表2-2 |
|---|---|
| 参数 | 取值 |
| $L_1$ | 250μH |
| $L_2$ | 110μH |
| $C_1$ | 2.5μF |

续表

| 参数 | 取值 |
| --- | --- |
| $C_2$ | 10μF |
| $V_g$ | 42V |
| $V_{out}$ | 35V |
| $D_{ss}$ | 0.833 |
| $R$ | 10Ω |

## 2.7.1　直接占空比控制下被控对象模型的算例分析

其中图2-9为理论计算的无阻尼的$G_{vd}$传递函数波特图，图2-10表示加入阻尼回路之后的波特图。其中图2-10（a）中阻尼回路电容$C_d$=47μF，图2-10（b）中阻尼回路电容$C_d$=22μF。不同的$C_d$取值（47μF，22μF）情况中，分别给出四组不同的$R_d$参数取值（0.1Ω，0.5Ω，1Ω，2Ω），阻尼参数的选择均满足式（2-34）的前两个不等式。在$C_d$=47μF时，$R_d$选择0.5Ω、1Ω、2Ω时均满足式（2-34）的第三个不等式，但选择0.1Ω时不满足；在$C_d$=22μF时，$R_d$选择1Ω、2Ω时均满足式（2-34）的第三个不等式，但选择0.1Ω和0.5Ω时不满足。以$C_d$=47μF的情况为例进行说明，如图2-10（a）所示，当加入阻尼后，由式（2-14）和式（2-16）可知，变换器模型中存在五个极点和三个零点。当阻尼参数的选取满足式（2-34）时，例如当$C_d$=47μF，$R_d$=0.5Ω、1Ω、2Ω，变换器中不存在RHP零点，此时$G_{vd}$的所有零点均位于

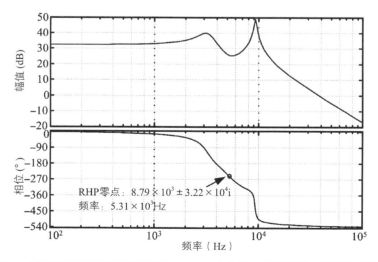

图2-9　直接占空比控制下的无阻尼Superbuck电路的$G_{vd}$传递函数理论计算波特图

左半平面（Left Half Plane, LHP），因此零点为被控对象提供了超前相位，抵消了变换器分母中极点带来的滞后相位，所以$G_{vd}$的高频渐近线趋于$-180°$，避免了RHP零点。当$R_d$选择0.1Ω时，$G_{vd}$模型中存在1.19kHz的共轭RHP零点（图中A点），由于变换器此时包含五个极点和一对共轭RHP零点，以及一个负实数零点，因此$G_{vd}$的高频渐近线趋于$-540°$，这组参数不满足式（2-34）的第三个不等式条件。同样，在图2-10（b）中，当选择$R_d=0.5$Ω、0.1Ω时，被控对象$G_{vd}$分别在1.71kHz（图中B点）以及1.7kHz（图中C点）产生了RHP零点，参数不满足式（2-34）。高频渐近线趋于$-540°$，不利于闭环控制器的设计。

## 2.7.2 峰值电流控制下被控对象模型的算例分析

以输入电感电流为采样点进行峰值电流控制时变换器模型的计算。主电路参数及稳态输入输出条件依然按照表2-2所示进行选取，由于稳态占空比等于0.833，大于0.5，因此在峰值电流控制中需要加入斜坡补偿以消除次谐波震荡，增加电路稳定性。理论上斜坡补偿斜率需要大于电感电流下降斜率的1/2才可以保证PCM控制的稳定性，且稳定性随着斜坡补偿斜率的增大而提高。根据表2-2示例中参数，可知输入电流的下降斜率$M_a=V_{out}/L_1=0.14$A/μs，实验中选取的斜坡补偿斜率$M_a=0.47$A/μs。根据式（2-91）计算PCM控制下变换器的被控对象传递函数$G_{vc}$，得到不加入阻尼回路的被控对象传递函数如图2-11所示，以及加入阻尼回路之后的被控

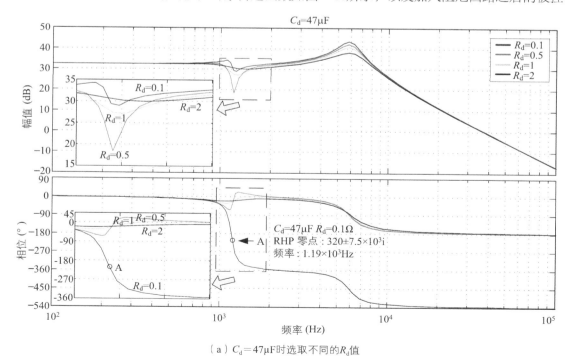

（a）$C_d=47$μF时选取不同的$R_d$值

图2-10 直接占空比控制下不同阻尼参数时Superbuck电路的$G_{vd}$传递函数理论计算波特图（一）

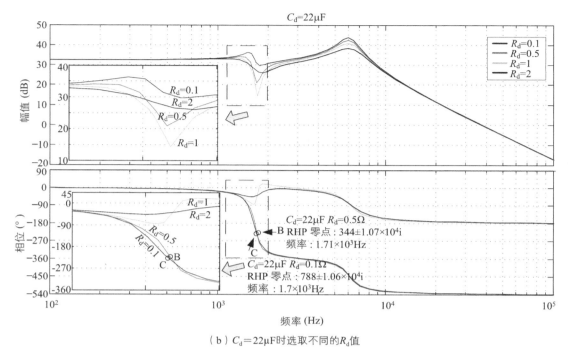

（b）$C_d = 22\mu F$时选取不同的$R_d$值

图2-10 直接占空比控制下不同阻尼参数时Superbuck电路的$G_{vd}$传递函数理论计算波特图（二）

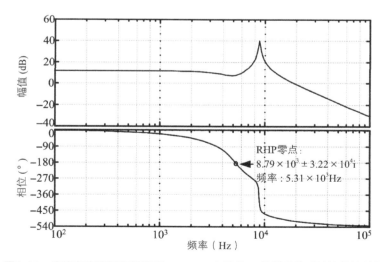

图2-11 峰值电流控制下无阻尼Superbuck电路的$G_{vc}$传递函数理论计算波特图

对象传递函数如图2-12所示。图2-12（a）中阻尼回路电容$C_d = 47\mu F$，图2-12（b）中阻尼回路电容$C_d = 22\mu F$。

正如前文所述，变换器在PCM控制模式下的被控对象$G_{vc}$与直接占空比控制时的被控对

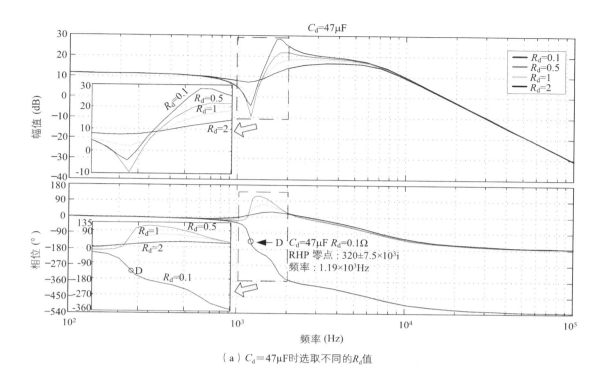

（a）$C_d=47\mu F$时选取不同的$R_d$值

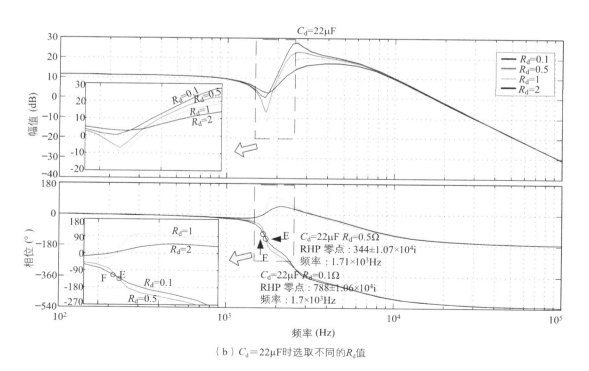

（b）$C_d=22\mu F$时选取不同的$R_d$值

图2-12　理论计算的加入不同阻尼参数时控制-输出电压传递函数$G_{vc}$的波特图

象$G_{vd}$具有相同的零点。由图2-12可知，当选择阻尼参数为$C_d=47\mu F$并且$R_d=0.1\Omega$时，被控对象$G_{vc}$中存在RHP零点（图中D点），频率依然为1.19kHz。当选择阻尼参数为$C_d=22\mu F$并且$R_d=0.5\Omega$、$0.1\Omega$时，$G_{vc}$中的RHP零点频率分别为1.71kHz（图中E点）和1.7kHz（图中F点），这些阻尼参数的选取均不满足式（2-34）。

综上所述，不同的控制方式（直接占空比控制，PCM控制）不会影响变换器模型中的零点，式（2-34）是保证Superbuck变换器模型中不存在RHP零点的充分条件，因此按照式（2-34）来设计阻尼回路的参数可以保证变换器的模型是最小相位系统，易于闭环控制器的设计。

# 2.8　阻尼回路设计方法的仿真与实验验证

采用实验方法测试变换器被控对象传递函数的波特图，测试仪器采用Agilent-4395A网络分析仪，测试方法如图2-13所示。其中，变换器的稳态工作点由调制波的直流量决定，网络分析仪给定正弦扰动扫描信号，并且叠加至调制波中，从而实现调制波信号中存在交流小信号扰动。由于调制波中存在交流扰动，变换器的输出电压也相应地存在交流分量。探头$CH_1$测试调制波的交流分量，探头$CH_2$测试输出电压的交流分量，因此扫描频率范围内$CH_2/CH_1$的幅值和相位构成了调制波信号$\hat{v}_{mod}$-输出电压$\hat{v}_{out}$传递函数的波特图。

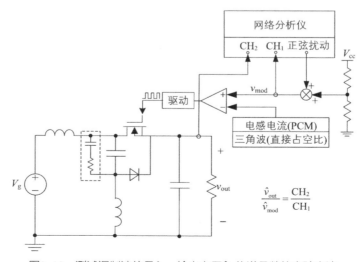

图2-13　测试调制波信号$\hat{v}_{mod}$-输出电压$\hat{v}_{out}$传递函数的实验方法

实验中变换器的主电路参数按照表2-2所示选取。根据上文中给出的阻尼回路设计条件，以及考虑到功率损耗和被控对象是否便于校正，阻尼回路选取$R_d=1\Omega$，$C_d=47\mu F$，开关频率为100kHz。

首先测试变换器在三角波调制方式下，加入阻尼回路前后的调制波信号$\hat{v}_{mod}$-输出电压$\hat{v}_{out}$传递函数，如图2-14所示。由于调制波系数及电压采样系数的作用，测试得到的$\hat{v}_{mod}$-$\hat{v}_{out}$传递函数与变换器的占空比-输出电压传递函数$G_{vd}$之间仅存在比例系数的关系，这个系数仅会影响幅频曲线的偏置，不会影响相频曲线，实验中该比例系数为1/12。

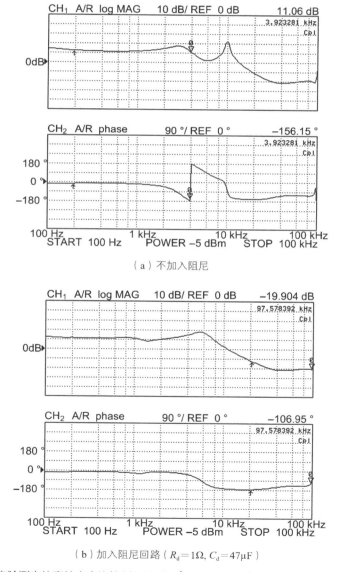

（a）不加入阻尼

（b）加入阻尼回路（$R_d=1\Omega$，$C_d=47\mu F$）

图2-14　实验测定的直接占空比控制下调制波$\hat{v}_{mod}$-输出电压$\hat{v}_{out}$传递函数（$G_{vd}/12$）波特图

接着测试PCM控制方式下变换器加入阻尼回路前后的$\hat{v}_{mod}$-$\hat{v}_{out}$传递函数波特图，得到结果如图2-15所示。由于调制波系数及电压、电流采样系数的作用，测试得到的$\hat{v}_{mod}$-$\hat{v}_{out}$传递函数与变换器的控制-输出电压传递函数$G_{vc}$之间仅存在比例系数的关系，实验中该比例系数为2.5。

图2-14和图2-15得到的实验测试结果与理论计算得到的图2-9~图2-12相吻合。通过计算，稳定工作点下阻尼回路中电阻的功耗大约为0.2W，由此带来的被控对象频率特性的优化令人满意。

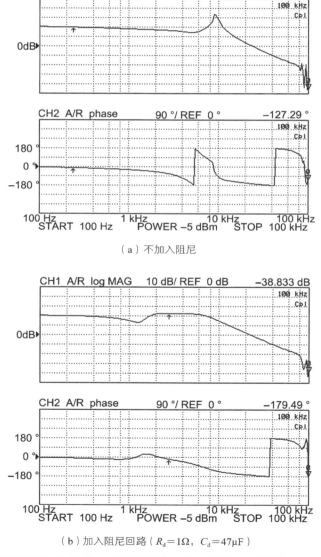

（a）不加入阻尼

（b）加入阻尼回路（$R_d=1\Omega$，$C_d=47\mu F$）

图2-15　实验测定的PCM控制方式下调制波$\hat{v}_{mod}$-输出电压$\hat{v}_{out}$传递函数（$2.5G_{vc}$）波特图

需要说明的是，图2-15中给出的PCM控制下的相频曲线在频率接近1/2开关频率附近穿越了-180°，而在图2-11和图2-12中，理论计算得到的$G_{vc}$相频曲线在1/2开关频率附近没有穿越-180°，这是因为当频率接近1/2开关频率时，基于周期平均方法建立的模型准确度降低，变换器模型需要考虑离散化带来的影响，并且在高频处，受到开关噪声的影响，网络分析仪的测量误差将会增大，因此测量结果与理论值在高频处存在一定误差。

为了对比加入阻尼前后的闭环系统稳定性和动态性，进行如图2-16所示的仿真。其中主电路参数按照表2-2所示，阻尼参数采用$R_d=1\Omega$，$C_d=47\mu F$，控制电路采用PID控制器（$C_f=0.1\mu F$，$R_f=4000\Omega$，$R_{iz}=24000\Omega$，$R_{ip}=4000\Omega$，$C_i=1.8nF$，$R_{of}=10000\Omega$）进行校正，三角波的峰值为3V，$R$为电阻负载，当时间为0.5s时负载从$50\Omega$阶跃至$10\Omega$，得到加入阻尼前后的输出电压响应如图2-17所示。

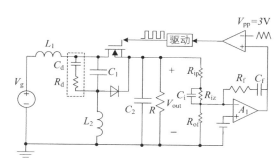

图2-16　PID控制器校正后的闭环系统

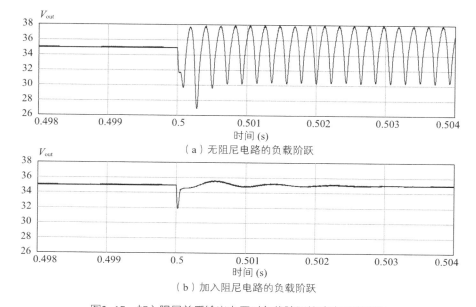

（a）无阻尼电路的负载阶跃

（b）加入阻尼电路的负载阶跃

图2-17　加入阻尼前后输出电压对负载阶跃的响应对比仿真

由仿真结果可知，在同样的PID控制器参数下，当变换器中没有增加阻尼回路时，系统在10Ω负载情况下发生震荡，而加入阻尼之后，系统具有良好的阶跃响应速度，闭环工作稳定无震荡。

按照表2-2所示参数，搭建实验平台设计闭环恒压系统，测试加入阻尼回路之后的系统在直接占空比控制方式下的稳定裕度及响应速度，采用仿真中给出的PID控制器进行校正。图2-18给出了实验测定闭环系统环路增益的方法。图2-19给出了理论设计和实验测定的系统环路增益波特图。

实验测试的扫描频率范围为100Hz~100kHz。图2-19中实验测试得到的幅频曲线与理论设计结果相一致，相频曲线与理论设计结果的形状相同，但存在180°相位差。这是由于环路增益的测试结果中包含了闭环负反馈引起的180°相移，而理论计算环路增益时仅将闭环环路的各项相乘，不会乘以-1，因此实验测试和理论设计的相频曲线会存在180°相位差。由图2-19可知，系统截止频率为20kHz，相位裕度为45°。

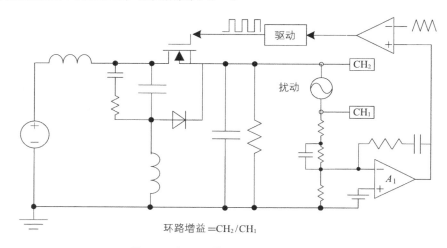

环路增益=CH₂/CH₁

图2-18　闭环系统的环路增益测试电路

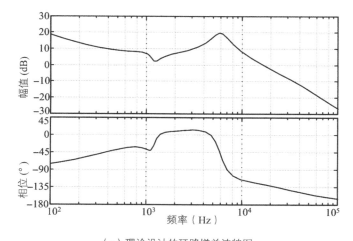

（a）理论设计的环路增益波特图

图2-19　Superbuck闭环系统的环路增益（一）

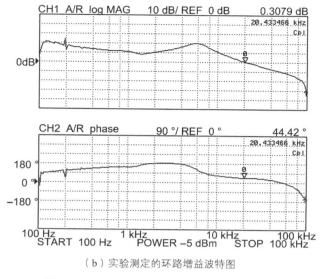

（b）实验测定的环路增益波特图

图2-19 Superbuck闭环系统的环路增益（二）

对上述设计的恒压闭环系统进行负载阶跃实验，测试其动态性能，负载从50Ω阶跃至10Ω，得到阶跃响应如图2-20所示，响应时间约为1ms。其中$v_{out}$表示输出电压，$i_{out}$表示输出电流。由图2-19和图2-20可知，加入阻尼回路之后的变换器避免了RHP零点，在单电压闭环控制下能够实现较高的截止频率，从而使得变换器具有较快的响应速度。

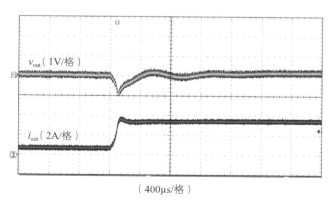

（400μs/格）

图2-20 Superbuck变换器的负载阶跃响应

## 2.9　本章小结

　　本章节以Superbuck高阶降压电路为例，提出了一种避免RHP零点的阻尼电路设计方法。通过对Superbuck电路在加入阻尼回路前后以及不同控制方式下的分析，得到Superbuck电路消除RHP零点的阻尼回路参数设计条件，并给出了简化之后的设计方法。这种方法没有忽略变换器的输出电容，因此在变换器输出电容较小的场合也可适用。通过理论计算和实验测定，证明了在合适的阻尼参数下，Superbuck变换器的被控对象传递函数可以优化为最小相位系统，以便闭环环路增益的设计，验证了理论分析的正确性。本书通过设计测试Superbuck恒压变换器的环路增益和阶跃响应，说明了带有阻尼回路的Superbuck电路在PID控制器的作用下具有良好的动态性能和稳定裕度，能够保证闭环系统具有较高的截止频率。该方法为工程技术人员在进行其他类别的高阶变换器参数设计和控制设计时提供了一种思路和参考。

## 第3章

改善变换器音频敏感率的比例前馈
控制方法

本章将针对高阶变换器的音频敏感率进行研究。采用输入电压前馈控制的方法在理论上可以实现变换器音频敏感率为零，从而实现输出对输入的解耦。许多文献对此进行了研究，但大多局限于基本变换器拓扑，这是因为基本变换器拓扑对应的前馈控制器形式较为简单。当变换器阶数较高时，理论上所需的前馈控制器不仅推导过程复杂、参变量较多，而且不易实现。随着高阶变换器拓扑在高性能直流变换器系统中的不断推广应用，有必要对其前馈控制方法进行深入研究。本章将针对推导高阶变换器对应的前馈控制器的计算过程提出一种模型简化的方法，从而能够便捷地得到变换器所需前馈控制器的准确传递函数，同时提出采用该传递函数的比例形式对高阶变换器进行前馈控制的方法，衰减变换器的音频敏感率，并对这种控制方法的有效频率范围进行了分析。

## 3.1 考虑负载效应的DC-DC变换器的小信号模型

上一章的图2-1给出了DC-DC变换器的小信号电路模型，其中包含两个阻抗或导纳（ $Y_{in}$, $Z_{out}$ ）、两个受控电流源（ $G_{iig}\hat{i}_o$, $G_{idg}\hat{d}$ ）以及两个受控电压源（ $G_{vd}\hat{d}$, $G_{vg}\hat{v}_g$ ）。当考虑变换器的外加负载效应对小信号模型产生的影响时，变换器的模型可以表示为图3-1。这里需要说明2-1中 $\hat{i}_o$ 以及图3-1中 $\hat{j}_o$ 的意义。在小信号模型中，图2-1中的电流扰动 $\hat{i}_o$ 与图3-1中的 $\hat{j}_o$ 均表示变换器外部给定的电流扰动，所以式（2-1）中将 $\hat{i}_o$ 作为给定量列写在输入矩阵中。电流扰动存在的意义在于描述计算不同的响应对电流扰动的传递函数，例如在图2-1中，$-\hat{v}_{out}/\hat{i}_o$ 表示虚线框内变换器小信号模型的输出阻抗 $Z_{out}$（计算时令其他输入量 $\hat{v}_g$ 和 $\hat{d}$ 均等于零）。同样在图3-1中，$\hat{j}_o$ 作为扰动输入量，$-\hat{v}_{out}/\hat{j}_o$ 表示输出端口并联了负载 $Z_L$ 之后的变换器模型的输出阻抗。显然此时求得的传递函数将不会等于$Z_{out}$。为了将图3-1中变换器输出端口连接$Z_L$之后的小信号模型依旧表示为如图2-1所示的电路模型形式（2个阻抗、2个受控电流源以及2个受控电压源），将针对模型连接负载$Z_L$的情况进行分析。

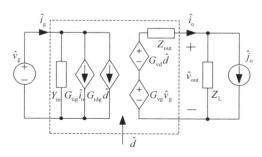

图3-1  考虑负载效应（$\hat{j}_o, Z_L$）的变换器小信号模型

根据图3-1可知，式（3-1）～式（3-3）成立，其中式（3-1）的表达形式也称为$G$参数矩阵：

$$\begin{bmatrix} \hat{i}_g \\ \hat{v}_{out} \end{bmatrix} = \begin{bmatrix} Y_{in} & G_{iig} & G_{idg} \\ G_{vg} & -Z_{out} & G_{vd} \end{bmatrix} \begin{bmatrix} \hat{v}_g \\ \hat{i}_o \\ \hat{d} \end{bmatrix} \tag{3-1}$$

$$\hat{v}_{out} = \frac{G_{vg}\hat{v}_g - Z_{out}\hat{j}_o + G_{vd}\hat{d}}{1 + \dfrac{Z_{out}}{Z_L}} \tag{3-2}$$

$$\hat{i}_o = \frac{G_{vg}\hat{v}_g + G_{vd}\hat{d} + Z_L\hat{j}_o}{Z_L + Z_{out}} \tag{3-3}$$

将式（3-2）、式（3-3）代入式（3-1），可以得到式（3-4）。式（3-4）是描述考虑外加负载效应$Z_L$时变换器小信号模型的$G$参数矩阵。与式（3-1）相比，电流扰动$\hat{j}_o$代替$\hat{i}_o$作为输入矩阵的变量。

$$\begin{bmatrix} \hat{i}_g \\ \hat{v}_{out} \end{bmatrix} = \begin{bmatrix} Y_{in} + \dfrac{G_{vg}G_{iig}}{Z_L + Z_{out}} & \dfrac{Z_L G_{iig}}{Z_L + Z_{out}} & G_{idg} + \dfrac{G_{vd}G_{iig}}{Z_L + Z_{out}} \\ \dfrac{G_{vg}}{1 + \dfrac{Z_{out}}{Z_L}} & -\dfrac{Z_{out}}{1 + \dfrac{Z_{out}}{Z_L}} & \dfrac{G_{vd}}{1 + \dfrac{Z_{out}}{Z_L}} \end{bmatrix} \begin{bmatrix} \hat{v}_g \\ \hat{j}_o \\ \hat{d} \end{bmatrix} \tag{3-4}$$

将式（3-4）中的对应位置参数仿照式（2-1）进行定义，得到式（3-5）：

$$\begin{bmatrix} \hat{i}_g \\ \hat{v}_{out} \end{bmatrix} = \begin{bmatrix} Y_{in}{'} & G_{iig}{'} & G_{idg}{'} \\ G_{vg}{'} & -Z_{out}{'} & G_{vd}{'} \end{bmatrix} \begin{bmatrix} \hat{v}_g \\ \hat{j}_o \\ \hat{d} \end{bmatrix} \tag{3-5}$$

对比式（2-1），矩阵中同样位置的传递函数均加入上标"'"表示考虑外加$Z_L$之后的传递函数，以区别不考虑$Z_L$的情况。根据式（3-4）和式（3-5）即可得到加入外加阻抗$Z_L$前后变换器对应模型中传递函数的关系。

# 3.2 引入前馈控制器的DC-DC变换器小信号模型

## 3.2.1 输出电压作为被控量的模型

首先讨论变换器的输出电压作为被控量的情况。由于采用峰值电流控制的变换器对前向通道中的扰动已经具有较强的衰减作用，因此本书针对三角波调制方式下的变换器进行讨论。

根据式（2-1）、式（3-4）和式（3-5）可知，加入负载阻抗$Z_L$前后，变换器模型的参数具有如下关系：

$$G_{vg}' = \frac{G_{vg}}{1 + Z_{out}/Z_L} \tag{3-6}$$

$$G_{vd}' = \frac{G_{vd}}{1 + Z_{out}/Z_L} \tag{3-7}$$

当变换器引入输入电压前馈并且闭环控制输出电压恒定时，其小信号模型如图3-2所示。

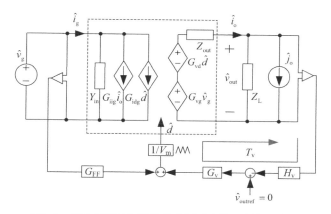

图3-2 加入前馈控制器的输出恒压变换器小信号模型

其中$G_{FF}$表示输入电压前馈控制器，$V_m$表示三角波幅值，$H_v$表示电压采样系数，$G_v$表示恒压控制器，$\hat{v}_{outref}$表示电压指令值扰动，由于输出电压指令值往往为固定值，因此其扰动等于零。由图3-2和式（3-4）、式（3-5）可知，变换器的音频敏感率$A(s)$表示为：

$$A(s) = \frac{\hat{v}_{out}}{\hat{v}_g} = \frac{G_{vg}' + G_{vd}'G_{FF}/V_m}{1 + T_v} \tag{3-8}$$

其中

$$T_{\mathrm{v}} = \frac{G_{\mathrm{v}} G_{\mathrm{vd}}' H_{\mathrm{v}}}{V_{\mathrm{m}}} \tag{3-9}$$

此参数表征了输入端扰动传递至输出端的大小和相位。其中，$T_{\mathrm{v}}$表示电压反馈环路增益，当变换器开环工作时，$T_{\mathrm{v}}$等于零。

若使得$A(s)$在全频率范围内等于零，根据式（3-8），前馈控制器需要满足：

$$G_{\mathrm{FF}} = -\frac{G_{\mathrm{vg}}' V_{\mathrm{m}}}{G_{\mathrm{vd}}'} \tag{3-10}$$

式（3-10）即为计算前馈控制器的通用方法。

根据式（3-8）可知，提高闭环反馈环路增益$T_{\mathrm{v}}$同样可以降低$A(s)$，但无法调整为零。并且在实际设计中，环路增益$T_{\mathrm{v}}$的截止频率受到被控对象和控制器的限制，有时无法实现令人满意的音频敏感率。

将式（3-6）和式（3-7）代入式（3-10）可知，前馈控制器$G_{\mathrm{FF}}$也可以表示为：

$$G_{\mathrm{FF}} = -\frac{G_{\mathrm{vg}} V_{\mathrm{m}}}{G_{\mathrm{vd}}} \tag{3-11}$$

这说明当调整音频敏感率等于零时，变换器理论上所需的前馈控制器不会受到负载效应的影响。

## 3.2.2　输出电流作为被控量的模型

对于同一变换器，其输出电流也可以作为被控量用于恒流输出的情况。采用闭环控制输出电流的方式可以实现变换器的恒定电流输出，但是当变换器的输入电压包含一定频率的扰动信号时，输出电流中依然存在由于输入电压扰动造成的同频率扰动分量。此时音频敏感率$A(s)$将不再适合描述变换器前向通道对扰动的衰减作用。因此这里定义$A'(s)$表示恒流变换器的输入电压-输出电流传递函数，描述恒流变换器对前向通道中扰动的衰减作用。

图3-1所示模型可等效变换为如图3-3所示的变换器模型，与图3-1相比，负载部分做了等效变换以便于分析，其中有：

$$\hat{u}_{\mathrm{o}} = -\hat{j}_{\mathrm{o}} Z_{\mathrm{L}} \tag{3-12}$$

当不考虑外加阻抗$Z_{\mathrm{L}}$的影响时，变换器小信号模型的矩阵方程如式（3-13）所示。由于不考虑$Z_{\mathrm{L}}$的阻抗效应，$\hat{v}_{\mathrm{out}}$出现在输入矩阵中，同时这里选择$\hat{i}_{\mathrm{o}}$作为被控量，因此$\hat{i}_{\mathrm{o}}$出现在输出矩阵中。其中$Q_{\mathrm{oi}}$表示输出电压-输入电流传递函数，$G_{\mathrm{vi}}$表示输入电压-输出电流传递函数，$Y_{\mathrm{out}}$表示输出导纳，$G_{\mathrm{id}}$表示占空比-输出电流传递函数：

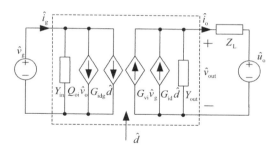

图3-3 考虑负载效应（$\hat{u}_o$, $Z_L$）的两端口变换器小信号模型

$$\begin{bmatrix} \hat{i}_g \\ \hat{i}_o \end{bmatrix} = \begin{bmatrix} Y_{in} & Q_{oi} & G_{idg} \\ G_{vi} & -Y_{out} & G_{id} \end{bmatrix} \begin{bmatrix} \hat{v}_g \\ \hat{v}_{out} \\ \hat{d} \end{bmatrix} \qquad (3\text{-}13)$$

其中有：

$$Y_{out} = 1/Z_{out} \qquad (3\text{-}14)$$

当考虑负载阻抗$Z_L$的影响时，描述变换器的小信号模型矩阵发生改变，如矩阵方程（3-15）所示：

$$\begin{bmatrix} \hat{i}_g \\ \hat{i}_o \end{bmatrix} = \begin{bmatrix} Y_{in}' & Q_{oi}' & G_{idg}' \\ G_{vi}' & -Y_{out}' & G_{id}' \end{bmatrix} \begin{bmatrix} \hat{v}_g \\ \hat{u}_o \\ \hat{d} \end{bmatrix} \qquad (3\text{-}15)$$

与式（3-13）相比，式（3-15）中对应的传递函数加入上标 " ' " 表示受负载效应变化的参数，输入矩阵中由$\hat{u}_o$代替$\hat{v}_{out}$作为输入量。考虑负载效应时，变换器的开环输入电压-输出电流传递函数$G_{vi}'$和占空比-输出电流传递函数$G_{id}'$可以分别表示为：

$$G_{vi}' = \frac{G_{vi}}{1 + Y_{out}Z_L} \qquad (3\text{-}16)$$

$$G_{id}' = \frac{G_{id}}{1 + Y_{out}Z_L} \qquad (3\text{-}17)$$

当变换器引入输入电压前馈并且闭环控制输出恒定电流时，其小信号模型如图3-4所示。

其中$G_{FF}$表示输入电压前馈控制器，$V_m$表示三角波幅值，$H_i$表示电流采样系数，$G_i$表示控制器，$\hat{i}_{outref}$表示电流指令值扰动，由于指令值一般为固定值因此其扰动等于零。由图3-4可知，此时变换器的输入电压-输出电流传递函数$A'(s)$可表示为：

$$A'(s) = \frac{\hat{i}_{out}}{\hat{v}_g} = \frac{G_{vi}' + G_{id}'G_{FF}/V_m}{1 + T_i} \qquad (3\text{-}18)$$

其中，$T_i$表示电流环环路增益，当变换器开环工作时，$T_i$等于零。其中有：

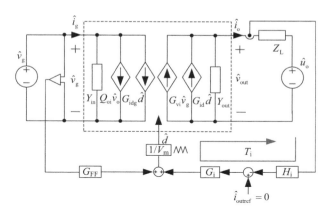

图3-4 加入前馈控制器的输出恒流变换器小信号模型

$$T_i = \frac{G_i G_{id}' H_i}{V_m} \qquad (3\text{-}19)$$

若调整$A'(s)$等于零，则前馈控制器$G_{FF}$需要满足：

$$G_{FF} = -\frac{G_{vi}' V_m}{G_{id}'} \qquad (3\text{-}20)$$

所以，当前馈控制器满足式（3-20）时，输出电流将不再受到输入电压扰动的影响。

将式（3-16）和式（3-17）代入式（3-20）可知，电流输出型变换器的前馈控制器$G_{FF}$也可以表示为：

$$G_{FF} = -\frac{G_{vi} V_m}{G_{id}} \qquad (3\text{-}21)$$

由上式可知，电流输出型变换器的前馈控制器的结果不会受到负载效应的影响。

根据式（3-12）和图3-1、图3-3可知：

$$\hat{v}_{out} = \hat{i}_o Z_L + \hat{u}_o = (\hat{i}_o - \hat{j}_o) Z_L \qquad (3\text{-}22)$$

一般情况，负载部分不包含外加电压源激励或者电流源扰动，因此：

$$\hat{u}_o = \hat{j}_o = 0 \qquad (3\text{-}23)$$

此时有：

$$G_{vg}' = G_{vi}' Z_L \qquad (3\text{-}24)$$

$$G_{vd}' = G_{id}' Z_L \qquad (3\text{-}25)$$

根据式（3-24）和式（3-25）、式（3-10）和式（3-11）、式（3-20）和式（3-21）可知，对于同一个变换器，在控制输出电压恒定或者输出电流恒定情况下，为消除电源扰动对输出的影响，变换器所需的前馈控制器形式是一样的，不受控制方式的改变，也不受负载效应的影响。

### 3.2.3 前馈控制器的简化计算方法

当变换器采用高阶电路拓扑或者在直流电源系统中作为源变换器（Source Converter）级联一定的负载变换器（Load Converter）时，变换器中电感电容元器件将会增多，并且需要考虑负载变换器输入阻抗造成的负载效应。此时如果按照式（3-10）或者式（3-20）计算前馈控制器，变换器的模型将会变得非常复杂。

这里给出一种计算前馈控制器时简化变换器模型的方法。由于调整传递函数$A(s)$或者$A'(s)$等于零的前馈控制器$G_{FF}$不受负载效应的影响，因此当变换器的输出端口中包含电感、电容、电阻等电路元件，或者后级变换器的输入阻抗时，可以将其视为负载，采用对应的电压源或者电流源将对应的负载部分代替，从而简化计算过程。因为电压源或者电流源的小信号扰动为零，不会引入负载效应。所以对于电压输出型变换器（含有输出电容）可以用电压源代替输出电容，对于电流输出型变换器（含有输出电感）用电流源代替电感，实现变换器模型的降阶处理。这种代替过程可以一直从变换器的负载侧向电源输入侧推进，直至遇到变换器电路模型的开关管。这是因为在变换器的小信号模型中，开关管的数学模型被线性化，成为与占空比相关的受控源，已经不能视为负载部分，所以这种模型简化方法可以简化变换器开关管后面的输出滤波器部分，同时不会影响前馈控制器的准确形式，从而可以推断出与前馈控制器的零极点相关的主电路元件。

以Buck变换器为例，如图3-5（a）所示，其输出端滤波器由电感$L$、电容$C$以及负载电阻$R$构成。图3-5（b）中将其输出端电容和电阻视为负载，用电压源代替电容$C$进行简化。当采用电压源代替电容后，Buck变换器等效为电流输出型变换器，如图3-5（b）所示，因此继续用电流源代替电感$L$，如图3-5（c）所示。化简至此，变换器的负载端仅保留了与占空比有关的开关管等元器件，不能进一步化简。因此，图3-5（c）即为在计算前馈控制器时Buck变换器的最简模型。

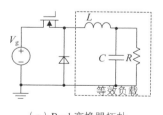 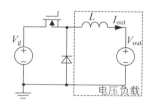 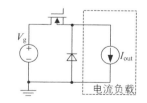

（a）Buck变换器拓扑 　　（b）电压源代替电容$C$简化的　　（c）电流源代替电感$L$进一步简
　　　　　　　　　　　　　　Buck变换器模型　　　　　　　　　化的Buck变换器模型

图3-5　Buck变换器在计算前馈控制器时的简化过程

根据图3-5（c）所示的结果，可得直流增益比为：

$$V_{out} = DV_g \tag{3-26}$$

其中$D$表示稳态占空比。对式（3-26）进行扰动化得到：

$$\hat{d} \cdot V_{\mathrm{g}} + D \cdot \hat{v}_{\mathrm{g}} = \hat{v}_{\mathrm{out}}$$

（3-27）

其中大写字母表示稳态值。采用简化模型的Buck变换器的占空比-输出电压传递函数$G_{\mathrm{vd\_b}}$和输入电压-输出电压传递函数$G_{\mathrm{vg\_b}}$可以分别表示为：

$$G_{\mathrm{vd\_b}}\big|_{\hat{v}_{\mathrm{g}}=0} = V_{\mathrm{g}}$$

（3-28）

$$G_{\mathrm{vg\_b}}\big|_{\hat{d}=0} = D$$

（3-29）

根据式（3-11）可得Buck变换器所需的前馈控制器为：

$$G_{\mathrm{FF\_b}} = -\frac{G_{\mathrm{vg\_b}} V_{\mathrm{m}}}{G_{\mathrm{vd\_b}}} = -\frac{D V_{\mathrm{m}}}{V_{\mathrm{g}}}$$

（3-30）

式（3-30）得到的结果与文献"*Reduction of switching regulator audiosusceptibility to zero*"和"*Null audio susceptibility of current-mode buck converters: small signal and large signal perspectives*"中按照Buck变换器二阶模型计算得到的结果相同。这里计算采用的模型不包含状态变量，降低了模型的阶次，大大简化了计算变换器小信号模型的过程。由图3-5可知，Buck变换器的前馈控制器只与输入电压和占空比相关。

# 3.3   引入前馈控制的Superbuck变换器

本节将以Superbuck变换器为例，说明求解变换器准确前馈控制器的模型简化方法，并采用对应的比例控制器进行前馈控制，给出有效衰减音频敏感率的频率范围与主电路参数的关系。

## 3.3.1   前馈控制器的准确形式

图3-6为Superbuck电路的拓扑结构，由双电感和双电容构成。由于输入侧存在电感$L_1$，因此输入电流连续，输出电流为两个电感电流之和，因而输出电流连续。其直流稳态电压增益比与Buck变换器相同，可表示为：

$$V_{\mathrm{out}} = D V_{\mathrm{g}}$$

（3-31）

按照如图3-6所示的Superbuck变换器拓扑列写状态方程，可以得到占空比-输出电压传递函数$G_{\mathrm{vd\_s}}$和开环输入电压-输出电压传递函数$G_{\mathrm{vg\_s}}$分别如式（3-32）和式（3-33）所示：

$$G_{\mathrm{vd\_s}} = \frac{(C_1 L_1 R V_{\mathrm{g}} + C_1 L_2 R V_{\mathrm{g}}) s^2 + (D L_2 V_{\mathrm{g}} - D^2 L_1 V_{\mathrm{g}} - D^2 L_2 V_{\mathrm{g}}) s + R V_{\mathrm{g}}}{C_1 C_2 L_1 L_2 R s^4 + L_1 L_2 C_1 s^3 + (C_2 D^2 R (L_1 + L_2) - 2 C_2 D L_2 R + (C_1 + C_2) L_2 R + C_1 L_1 R) s^2 + (D^2 (L_1 + L_2) - 2 D L_2 + L_2) s + R}$$

（3-32）

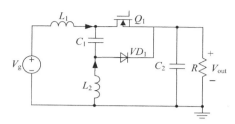

图3-6 Superbuck拓扑结构图

$$G_{vg\_s} = \cfrac{R(C_1 L_2 s^2 + D)}{C_1 C_2 L_1 L_2 R s^4 + L_1 L_2 C_1 s^3 + (C_2 D^2 R(L_1 + L_2) - 2C_2 D L_2 R + (C_1 + C_2)L_2 R + C_1 L_1 R)s^2 + (D^2(L_1 + L_2) - 2DL_2 + L_2)s + R}$$

$$（3-33）$$

根据式（3-11），由式（3-32）和式（3-33）可得，当引入前馈控制令$A(s)$调整为零时，Superbuck变换器的前馈控制器准确表达式为：

$$G_{FF\_s} = -\frac{V_m R}{V_g} \times \frac{L_2 C_1 s^2 + D}{RC_1(L_1 + L_2)s^2 + D(L_2 - DL_1 - DL_2)s + R} \qquad （3-34）$$

其中$D$表示稳态占空比，$R$为负载电阻，$V_m$为三角波幅值。这说明，当Superbuck变换器引入输入电压前馈，且前馈控制器形式符合式（3-34）中的$G_{FF\_s}$时，可以实现变换器音频敏感率$A(s)$等于零，实现对输入噪声的大幅度衰减。

上述推导过程采用四阶模型，计算过程较为繁琐，图3-7给出了计算前馈控制器时Superbuck变换器的简化拓扑图，可以看到，输出端电容用电压源代替后，变换器模型简化为三阶模型，状态方程可以表达为：

$$\begin{cases} L_1 \dfrac{di_{L1}}{dt} = v_g + (d-1)v_{C1} - V_{out} \\ C_1 \dfrac{dv_{C1}}{dt} = i_{L1} - d(i_{L1} + i_{L2}) \\ L_2 \dfrac{di_{L2}}{dt} = dv_{C1} - V_{out} \end{cases} \qquad （3-35）$$

其中$d$表示一个开关周期内占空比的瞬时值，对式（3-35）进行扰动化，可得：

$$\begin{cases} L_1 \dfrac{d\hat{i}_{L1}}{dt} = \hat{v}_g + (D-1)\hat{v}_{C1} + V_{C1}\hat{d} \\ C_1 \dfrac{d\hat{v}_{C1}}{dt} = (1-D)\hat{i}_{L1} - D\hat{i}_{L2} - (I_{L1} + I_{L2})\hat{d} \\ L_2 \dfrac{d\hat{i}_{L2}}{dt} = D\hat{v}_{C1} + V_{C1}\hat{d} \end{cases} \qquad （3-36）$$

其中$V_{out}$表示直流电压源的电压，因此不用对其进行扰动化。根据式（3-36）进行计算，可以得到开环输入电压-输出电流传递函数$G_{vi\_s}'$与占空比-输出电流传递函数$G_{id\_s}'$，因此前馈控制器可以表示为：

$$G_{FF\_s}' = -\frac{G_{vi\_s}'V_m}{G_{id\_s}'} = -\frac{V_m(C_1L_2s^2+D)}{V_gC_1(L_1+L_2)s^2+(I_{L1}+I_{L2})(L_2-DL_1-DL_2)s+V_g} \quad (3\text{-}37)$$

由于两电感电流$I_{L1}$和$I_{L2}$可以用输入电压$V_g$、占空比$D$以及电阻$R$来表示。根据对应的直流稳态功率关系，可得：

$$I_{L1}+I_{L2}=I_{out}=DV_g/R \quad (3\text{-}38)$$

将式（3-38）代入式（3-37）后，可得前馈控制器为：

$$G_{FF\_s}' = -\frac{V_mR}{V_g}\times\frac{L_2C_1s^2+D}{RC_1(L_1+L_2)s^2+D(L_2-DL_1-DL_2)s+R} \quad (3\text{-}39)$$

得到的结果与式（3-34）相同，计算过程采用的模型为三阶模型，简化了计算变换器前馈控制器的过程。由图3-7可知，在由负载端向输入端口推进的简化过程中，用电压源取代了输出电容$C_2$和负载电阻$R$之后，电压源直接与开关管相连。因此，图3-7即为求解前馈控制器传递函数的最简模型。由于电感$L_1$、$L_2$与电容$C_1$均临近输入端口并且位于开关管的左侧，因此前馈控制器的准确形式中，必定与电感$L_1$、$L_2$和电容$C_1$相关，而与电容$C_2$的大小无关。这也意味着电容$C_2$和负载电阻$R$可以任意选取而不影响所需前馈控制器。同样，当Superbuck变换器在级联系统中作为源变换器时，后级变换器的输入阻抗变化并不会影响Superbuck变换器理论上所需的准确前馈控制器形式。

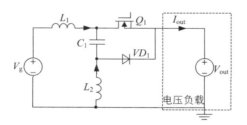

图3-7　Superbuck变换器的简化模型

## 3.3.2　比例前馈控制器的拟合

根据式（3-34）中得到的前馈控制器形式，以表3-1所列主电路参数为例，得到如图3-8所示的前馈控制器波特图。可以看到，理论计算的前馈控制器含有右半平面极点，控制器本身不稳定。在低频时前馈控制器可以近似等效为比例控制器，在高频时由出现极点和零点，幅相曲线开始偏离比例特性。由于式（3-34）中的前馈控制器形式较为复杂，实际控制中不易实现，因此在设计前馈控制器时，只要保证理论计算的前馈控制器的第一个零点或者极点频率远大于输入电压中的扰动频率范围，便可以采用对应比例控制器代替。由式（3-34）可知，前馈控制器的第一个零极点频率与Superbuck变换器主电路参数有关，下面将对主电路参数与所需准确前馈控制器的零极点频率的关系进行分析。

| 参数 | 取值 | 参数 | 取值 |
|---|---|---|---|
| 主电路参数 | | | 表3-1 |
| $V_g$ | 42V | $V_{out}$ | 35V |
| $L_1$ | 250μH | $L_2$ | 110μH |
| $C_1$ | 2.5μF | $C_2$ | 10μF |
| $V_m$ | 2.475V | $R$ | 18Ω |

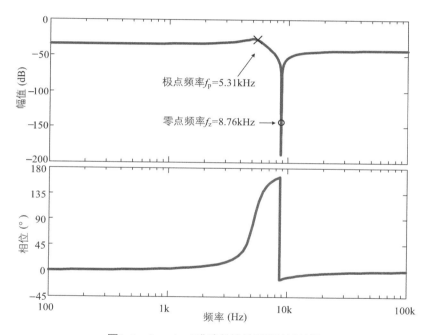

图3-8　Superbuck准确前馈控制器的波特图

根据表3-1所示参数，由式（3-34）可知，Superbuck前馈控制器的零极点均为共轭复数，其极点频率$f_p$和零点频率$f_z$可表示为：

$$f_p = \frac{1}{2\pi} \sqrt{\frac{1}{C_1(L_1+L_2)}} \qquad (3-40)$$

$$f_z = \frac{1}{2\pi} \sqrt{\frac{D}{C_1L_2}} \qquad (3-41)$$

由式（3-40）和式（3-41）可知，当选择主电路参数满足$L_2<D（L_1+L_2）$时，可以保证所需前馈控制器的极点频率$f_p$小于零点频率$f_z$；当$L_2>D（L_1+L_2）$时，极点频率$f_p$大于零点频率$f_z$。

根据表3-1所示参数，以$L_2<D（L_1+L_2）$为例进行讨论，当准确的前馈控制器的极点频率$f_p$远大于输入电压中含有的交流扰动频率$f_{disturb}$时（一般取5倍频率以上），也就是说：

$$f_{disturb} << \frac{1}{2\pi}\sqrt{\frac{1}{C_1(L_1+L_2)}} \qquad （3-42）$$

那么根据式（3-34），Superbuck的前馈控制器可以用比例控制器近似为：

$$G_{FF\_s}=-\frac{DV_m}{V_g} \qquad （3-43）$$

由式（3-43）可知，比例前馈控制器仅与输入电压、占空比以及三角波幅值相关，与频率无关。将式（3-43）代入式（3-8）中的前馈控制器项$G_{FF}$中，可得：

$$A(s)=\frac{G_{vg}{'}-DG_{vd}{'}/V_g}{1+T_v} \qquad （3-44）$$

根据式（3-44）可以计算变换器在引入近似的比例前馈控制器时，音频敏感率$A(s)$的理论衰减特性。

根据表3-1所示参数和式（3-44），得到开环控制的Superbuck变换器在采用比例前馈控制器前后，计算得到的音频敏感率$A(s)$的波特图如图3-9所示。由图3-9可知，采用比例前馈控制器可以使变换器前向通道中的低频扰动大幅度衰减。

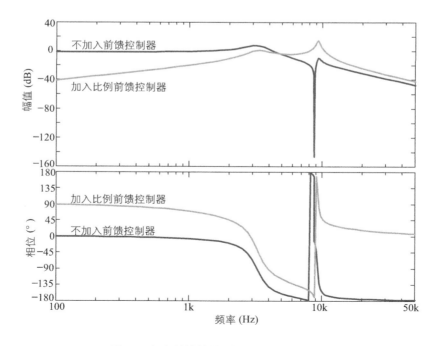

图3-9　加入前馈控制器前后的$A(s)$的波特图

## 3.4 双电感双电容构成的电流连续型拓扑族的前馈控制器

随着对变换器的电流纹波指标要求的不断提高，输入输出电流连续型拓扑逐渐得到了广泛应用，与传统的二阶基本变换器相比，电流连续型拓扑不会产生电流断续的情况，更加适宜作为连接蓄电池和太阳能光伏板的接口电路。在电流连续型拓扑中，相较于隔离型变换器，非隔离型变换器中节省了变压器等磁性元件，因此成本和复杂程度相对较低。这里以双电感双电容构成的电流连续型拓扑族为例，研究理论上变换器所需的前馈控制器表达形式以及简化之后的比例前馈控制器。

表3-2列写了采用前馈控制器调整音频敏感率$A(s)$为零时，双电感双电容构成的电流连续型拓扑所需要的准确前馈控制器形式，以及简化的比例控制器形式。根据文中提出的变换器模型简化方法可知，前馈控制器的准确表达式中，不会包含位于开关管位置之后的输出滤波器中电感和电容的参数。这就说明，在用比例控制器代替准确的前馈控制器进行控制时，其有效频率范围与输出滤波器的参数无关。根据简化拓扑的方法，表3-2用虚线框表示了与前馈控制器相关的主电路参数部分。需要说明的是，由于前馈控制器中包含与稳态功率相关的量，比如输出电流和输出电压，需要用电阻$R$、输入电压$V_g$及占空比$D$来表示，所以电阻$R$会出现在前馈控制器的表达式中。

由表3-2可知，当变换器的直流增益比一致时，不同拓扑在调整$A(s)$等于零时所需的前馈控制器简化形式相同。这是因为直流增益比可以视为频率分量为零时的变换器输入输出特性，前馈控制器的低频形式仅与其直流增益比有关。因此，对于任意的变换器，调整$A(s)$等于零时所需的比例前馈控制器形式只决定于直流增益比。

**双电感双电容构成的电流连续型拓扑族所需的前馈控制器**　　　　表3-2

| 双电感双电容电流连续型拓扑 | 直流增益比$M$ | 前馈控制器准确形式 | 前馈控制器简化形式 |
|---|---|---|---|
| 1 | $M = D$ | $-\dfrac{V_m R(L_2 C_1 s^2 + D)}{V_g(RC_1(L_1+L_2)s^2 + D(L_2 - DL_1 - DL_2)s + R)}$ | $-\dfrac{DV_m}{V_g}$ |
| 2 | $M = \dfrac{D}{1-D}$ | $-\dfrac{V_m R(1-D)^2(L_1 C_1 s^2 + 1 - D)}{V_g(RC_1 L_1(1-D)s^2 - L_1 Ds + R(1-D)^2)}$ | $-\dfrac{(1-D)V_m}{V_g}$ |

| 双电感双电容电流连续型拓扑 | 直流增益比$M$ | 前馈控制器准确形式 | 前馈控制器简化形式 |
|---|---|---|---|
| 3 | $M = -\dfrac{D}{1-D}$ | $-\dfrac{V_m RD(1-D)^3}{V_g(RC_1L_1(1-D)s^2 - L_1D^2s + R(1-D)^2)}$ | $-\dfrac{D(1-D)V_m}{V_g}$ |
| 4 | $M = -\dfrac{D}{1-D}$ | $-\dfrac{V_m R(1-D)^2(L_2C_1s^2 + D^2 - D)}{V_g(RC_1L_1(D-1)s^2 + D(L_1D + L_2)s - R(1-D)^2)}$ | $-\dfrac{D(1-D)V_m}{V_g}$ |
| 5 | $M = -\dfrac{D}{1-D}$ | $\dfrac{V_m R(1-D)^2(L_1C_1s^2 + D^2 - D)}{V_g(-L_1Ds + R(1-D)^2)}$ | $-\dfrac{D(1-D)V_m}{V_g}$ |
| 6 | $M = \dfrac{1}{1-D}$ | $-\dfrac{V_m R(1-D)^2(L_2C_1s^2 + 1 - D)}{V_g(L_2C_1R(1-D)s^2 + (L_1 + L_2D)s + R(1-D)^2)}$ | $-\dfrac{(1-D)V_m}{V_g}$ |
| 7 | $M = D$ | $-\dfrac{V_m R(L_1C_1s^2 + D)}{V_g(L_1C_1Rs^2 + L_1D(1-D)s + R)}$ | $-\dfrac{DV_m}{V_g}$ |
| 8 | $M = \dfrac{1}{1-D}$ | $-\dfrac{V_m R(1-D)^3}{V_g(-L_1s + R(1-D)^2)}$ | $-\dfrac{(1-D)V_m}{V_g}$ |

续表

| 双电感双电容电流连续型拓扑 | 直流增益比$M$ | 前馈控制器准确形式 | 前馈控制器简化形式 |
|---|---|---|---|
| 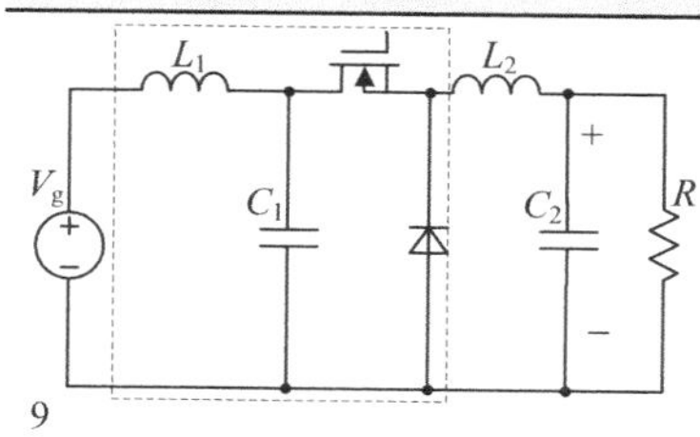 | $M = D$ | $-\dfrac{V_m RD}{V_g(C_1 L_1 R s^2 - L_1 D^2 s + R)}$ | $-\dfrac{DV_m}{V_g}$ |

## 3.5　仿真与实验验证

根据上述分析和式（3-8）可知，闭环负反馈形成的环路增益$T_v$同样可以减小音频敏感率，当变换器不加入前馈控制器时，在低于电压环截止频率范围内，由于环路增益$T_v \gg 1$，变换器具有较低的音频敏感率。在高于截止频率的范围内，$T_v \ll 1$，变换器音频敏感率与开环情况基本相同，闭环控制没有对其产生衰减作用。在一些高阶变换器中，由于变换器模型被控对象的限制，闭环环路增益$T_v$的截止频率无法设计过高，因此前馈控制器的设计就尤为重要。

当引入前馈控制器后，变换器的被控对象本身在开环工况下就实现了极低的音频敏感率。这里以Superbuck变换器为例，根据式（3-34）所得的准确前馈控制器传递函数，采用其比例形式构成的比例控制器进行前馈控制，进行仿真和实验验证。为了避免闭环控制对其音频敏感率的影响，这里采用开环工况，测试被控对象本身加入前馈控制器之后的音频敏感率。

### 3.5.1　仿真验证

采用PSIM仿真软件对Superbuck变换器加入比例前馈控制器的情况进行仿真验证。Superbuck变换器加入比例前馈控制器的原理图如图3-10所示，其中电容$C_v$隔离直流，提取交流扰动信号$v_d$，通过电阻$R_v$形成电压信号。电阻$R_{v1}$、$R_{v2}$以及运算放大器构成了比例环节，其输出与调制波信号叠加。为了避免反馈环路对$A(s)$的衰减作用，仿真中调制波采用固定直流量进行开环控制，相对于式（3-8）中环路增益项$T_v = 0$。

根据表3-1所列写参数，输入侧电压源串联接入幅值为1V的交流扰动分量$v_d$，仿真中开关频率设置为100kHz。由图3-8可知，当扰动频率远小于准确的前馈控制器的第一个极点频率（图3-8中$f_p = 5.31$kHz）时，输出端将极大程度抑制前向通道的扰动分量，如图3-9所示。因此仿真中扰动分量的频率$f_d$选取1kHz和5kHz两种工况，对比不加入前馈控制的工况进行仿真，得到仿真结果如图3-11所示。

　　由图3-11的仿真结果可知，当变换器采用比例前馈控制器代替准确的前馈控制器时，在同样的扰动幅值条件下，如果扰动频率（1kHz）远小于前馈控制器的第一个零极点频率（5.31kHz），比例前馈控制器可以极大程度地对扰动进行衰减，如图3-11（a）（b）所示。当扰动频率（5kHz）接近第一个零极点频率（5.31kHz）时，此时前馈控制器对扰动的衰减作用将不再明显，如图3-11（c）（d）所示。

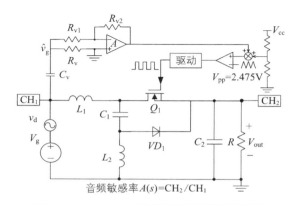

图3-10　Superbuck变换器比例前馈控制原理图

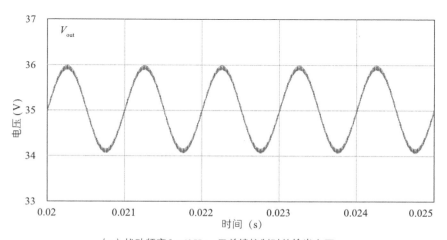

（a）扰动频率$f_d$＝1kHz，无前馈控制时的输出电压

图3-11　比例前馈控制器对不同频率扰动的衰减作用仿真（一）

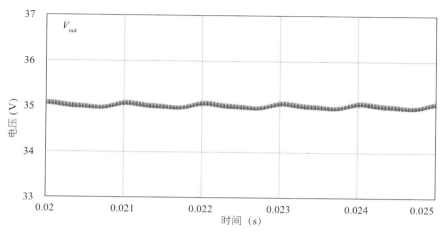

（b）扰动频率$f_d$＝1kHz，加入比例前馈控制后的输出电压

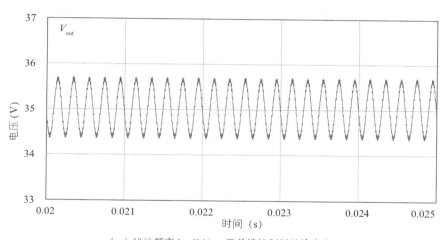

（c）扰动频率$f_d$＝5kHz，无前馈控制时的输出电压

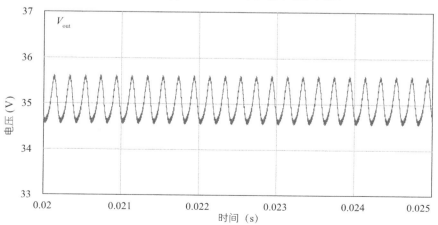

（d）扰动频率$f_d$＝5kHz，加入比例前馈控制后的输出电压

图3-11　比例前馈控制器对不同频率扰动的衰减作用仿真（二）

## 3.5.2  实验验证

根据表3-1所列参数，搭建实验平台如图3-10所示，采用网络分析仪对加入比例前馈控制器前后的音频敏感率$A(s)$进行测试，$CH_1$和$CH_2$分别表示测量音频敏感率时的探头位置。实验中开关频率为100kHz，测试频率范围为100Hz~50kHz，得到$A(s)$的测试结果如图3-12所示，由此验证比例前馈控制器对前向通道中扰动的衰减作用。

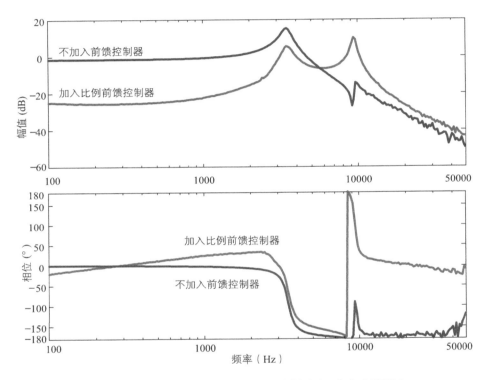

图3-12    加入比例前馈控制器前后的音频敏感率$A(s)$实验测试

由图3-12可知，加入比例前馈控制器之后，音频敏感率$A(s)$幅值在2kHz之前有了大幅度的衰减（10dB以上），与图3-9中理论计算结果一致。这说明，在一定频率之前，采用比例前馈控制器可以对音频敏感率进行大幅度衰减，从而抑制变换器前向通道的扰动，实现输出与输入的解耦。比例前馈控制器对应的有效频率范围可根据式（3-40）~式（3-42）得到。图3-12中加入比例前馈控制器之后的波特图低频段测试结果相较于图3-9中理论计算的结果衰减较小，这是由于理论计算得到的比例前馈控制器的比例值为0.0491，实验中采用电阻分压和运算放大器构成的模拟电路实现，因而会产生一定的误差，另一个方面，提取输入电压扰动分量的高通滤波器（图3-10中电容$C_v$和电阻$R_v$）也会影响前馈控制器的效果。

　　向直流输入电压42V中分别加入1kHz和5kHz的扰动量，幅值为1V。与仿真对应，在两种扰动频率下，分别测试比例前馈控制器的有效性，结果如图3-13所示，其中通道1为输入电压的交流分量，通道2为输出电压的交流分量。与仿真结果类似，当扰动频率为1kHz时，比例前馈控制器起到了大幅度衰减扰动信号的效果，当扰动频率为5kHz时，比例前馈控制器没有起到明显的效果。

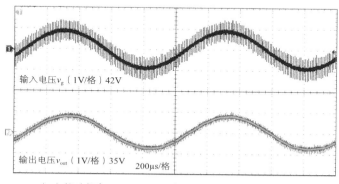

（a）扰动频率$f_d$＝1kHz，无前馈控制时的输入输出电压

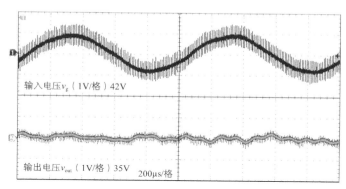

（b）扰动频率$f_d$＝1kHz，加入比例前馈控制后的输入输出电压

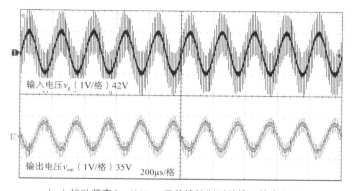

（c）扰动频率$f_d$＝5kHz，无前馈控制时的输入输出电压

图3-13　比例前馈控制器对不同频率扰动的衰减作用的测试（一）

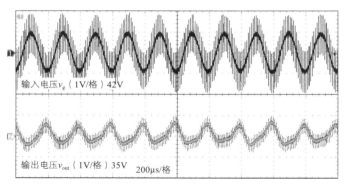

（d）扰动频率$f_d$＝5kHz，加入比例前馈控制后的输入输出电压

图3-13　比例前馈控制器对不同频率扰动的衰减作用的测试（二）

# 3.6　本章小结

　　本章对DC-DC变换器引入输入电压前馈控制实现音频敏感率为零的方法进行了研究，分析了不同被控量的选择对前馈控制器的影响，提出了一种在计算前馈控制器时简化变换器模型的方法，该方法能够简化前馈控制器的计算过程，直观地得到与前馈控制器相关的主电路参数，而不影响所得结果的准确性。以Superbuck变换器为例，分析了高阶变换器在调整音频敏感率为零时，理论上所需的前馈控制器的准确表达形式。由于控制器本身具有结构复杂、不易实现的特点，本书提出了采用比例控制器进行近似的方法，实现了前馈控制器与频率量的分离，并给出了比例前馈控制器作用下，变换器大幅度衰减音频敏感率时对应的有效频率范围与主电路参数之间的关系，并总结了双电感和双电容构成的非隔离电流连续型拓扑对应的前馈控制器形式，指出了变换器对应的比例前馈控制器仅取决于变换器直流增益比的规律，通过仿真和实验结果验证了理论分析的正确性。

# 第4章 优化变换器输入阻抗的输入电流内环控制方法

上一章针对高阶变换器进行了前馈控制的研究。本章和第5章内容将针对变换器中影响级联系统稳定性的重要参数进行研究，即输入阻抗和输出阻抗，并提出不同的优化方法。

在级联系统中，源变换器的输出阻抗$Z_{out}$和负载变换器的输入阻抗$Z_{in}$是影响级联系统稳定性的重要参数。针对输入阻抗的优化，文献"*Interaction between EMI filter and power factor preregulators with average current control: analysis and design considerations*"和文献"*Analysis of EMI filter induced instabilities in boost power factor preregulators*"根据PFC电路中输出电容较大的特点，简化了变换器模型，分别针对Boost、Cuk和Sepic变换器进行了电流内环控制下的稳定性分析，优化了上述变换器的输入阻抗，减弱了变换器和EMI滤波器之间的相互作用。

本章以改善变换器的输入阻抗为目的，基于DC-DC变换器的通用小信号模型，提出电压外环、输入电流内环（Input Current Inner Loop, ICIL）的双环控制方法，并分析在这种双环控制方式下，影响变换器输入阻抗的因素，提出优化的方法，为变换器输入阻抗的设计提供依据。

传统的双环控制方法大多以提高输出响应的快速性为目的，其电流内环的采样点位置不固定，一般根据不同变换器拓扑而改变，且大多采用峰值电流控制，以拓扑中的电感电流为被控量，实现模型的降阶。ICIL双环控制方法以平均电流环为基础，固定采样变换器的输入电流，以DC-DC变换器的小信号模型为出发点进行分析，因此结论具有一般性。

## 4.1 采用输入电流内环控制的DC-DC变换器小信号模型

在级联系统中，源变换器的输出阻抗和负载变换器的输入阻抗相互影响，决定了级联系统的稳定性。图4-1给出了一般性闭环控制的变换器对应的输入阻抗和输出阻抗示意图。

  级联系统中的负载变换器大多以控制输出电压为目标，因而负载变换器一般以电压闭环进行控制。所以，负载变换器常处于功率恒定的状态，这里设其功率为$P_L$，并且设输入电压、电流的稳态平均值分别为$V_g$和$I_g$。显然，在稳态工况时可以得到：

$$V_g I_g = P_L \tag{4-1}$$

  在频率远小于电压环截止频率的低频段，由于电压闭环的作用，变换器的输入功率恒定。当输入电压缓慢变化且其增量为$\Delta v_g$时，其输入电流必然发生相应变化，假设其增量为$\Delta i_g$，因此有：

$$(V_g + \Delta v_g)(I_g + \Delta i_g) = P_L \tag{4-2}$$

  将式（4-2）展开，可得：

$$V_g I_g + V_g \Delta i_g + I_g \Delta v_g + \Delta v_g \Delta i_g = P_L \tag{4-3}$$

  由于扰动分量的二次项$\Delta V_g \Delta i_g$相对于扰动一次项在等式中所占比重较小，可以将其忽略，根据式（4-1）得到：

$$V_g \Delta i_g + I_g \Delta v_g = 0 \tag{4-4}$$

  根据输入阻抗的定义，可知在闭环负反馈的作用下，变换器的低频段输入阻抗可以表示为式（4-5）：

$$Z_{in} = \frac{\Delta v_g}{\Delta i_g} = -\frac{V_g}{I_g} \tag{4-5}$$

  由此可知，低频段的输入阻抗表现为负阻特性，相频曲线的渐近线等于-180°，如图4-1（a）所示。

  在大于电压环截止频率的高频段，由于闭环负反馈的作用逐渐减弱，因此其闭环输入阻抗基本等于开环输入阻抗。在高频处，由于变换器的输入滤波器的影响，其输入阻抗主要受输入滤波电感的影响，所以其幅频曲线呈现20dB/10倍频程的斜率上升，相频曲线的渐近线趋于90°，如图4-1（a）所示。

  值得注意的是，变换器的闭环输出阻抗与输出滤波器参数和闭环截止频率相关，呈现出电阻、电感以及电容三者并联的特性，且其谐振峰值的频率取决于电压环截止频率。因此，变换器闭环输出阻抗的示意图如图4-1（b）所示。

  如果输出阻抗和输入阻抗在全频率范围内都没有交集，则系统必然稳定，这就是**Middlebrook**稳定判据。在远低于电压环截止频率的低频段频率范围内，变换器的输入阻抗表现为负阻特性，其相频曲线等于-180°。如果输入输出阻抗在这一频段内相交，则阻抗比对应的奈奎斯特曲线必定包围（-1，j0）点，不满足稳定判据，此时级联系统必然不稳定；在电压环截止频率附近的中频段频率范围内，由于电压环的反馈作用逐渐减弱，因此输入阻抗逐渐偏离负阻特性，如果与输出阻抗在此频段范围内相交，需要判定阻抗比是否满足奈奎斯特稳定判据，从而判断级联系统的稳定性；在远大于电压环截止频率的高频段频率范围内，由于反馈控

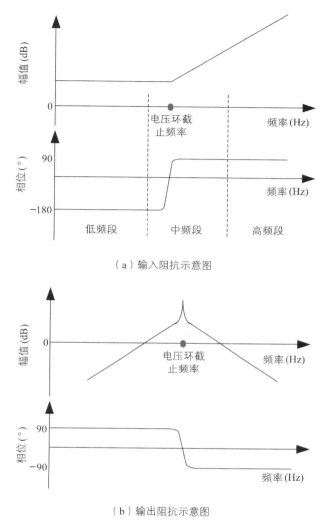

（a）输入阻抗示意图

（b）输出阻抗示意图

图4-1 级联系统中负载变换器输入阻抗和源变换器输出阻抗典型波特图

制环路基本不影响这一频段，变换器的闭环输入阻抗基本等于开环输入阻抗。如果阻抗交截发生在这一频率范围内，将不会产生不稳定现象。

理想电流源的小信号模型等效为开路，因此其输入阻抗为无穷大，如果级联系统中负载变换器的输入电流取代输出电压作为被控量，其输入阻抗将不会呈现负阻特性，而表现为电流特性，此时其输入阻抗将会得到大幅度提高，级联系统的稳定性将得到改善。然而如果仅控制输入电流，负载变换器的输出电压将会失控，无法完成对后级负载电压的调节作用。因此，如果变换器采用外环恒定输出电压、同时引入输入电流作为内环（Input Current Inner Loop, ICIL）的双环控制策略，将既保证变换器的输出电压可控，又可以使变换器的输入阻抗在一定频率范围内表现为电流特性，如图4-2所示。

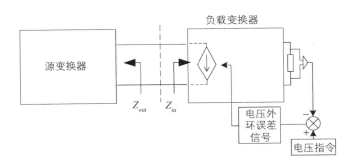

图4-2　级联系统中负载变换器引入ICIL双环控制方法的示意图

　　采用ICIL双环控制时，由于负载变换器存在输出电压外环，因此在远小于电压环截止频率的低频段，变换器依然呈现负阻特性，这是由其功率恒定的特性决定的，如图4-3所示；在采用双环控制时，电流内环截止频率一般远大于电压外环，因此在电压环截止频率至电流内环截止频率范围的中频段，负载变换器的输入阻抗将表现为电流负载特性，此时变换器的输入阻抗将增大；在频率大于电流环截止频率的高频段，内外环的反馈作用基本不产生影响，因此变换器的输入阻抗表现为开环输入阻抗特性。由上述分析可知，在大于电压外环截止频率而小于内环截止频率范围内，变换器的输入阻抗将得到提高。

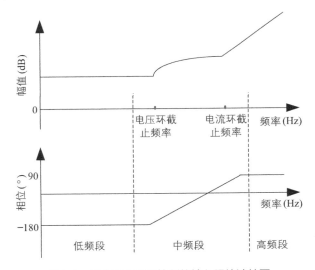

图4-3　引入ICIL双环控制的输入阻抗波特图

## 4.1.1　引入ICIL双环控制的输入阻抗分析

　　根据图2-1～图2-3给出的DC-DC变换器小信号模型，可知，变换器在输入电流内环（ICIL）控制方式下，其闭环小信号模型如图4-4所示。

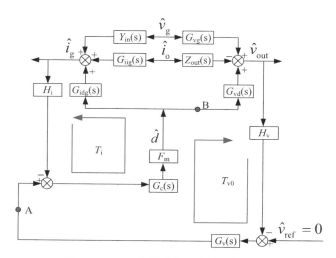

图4-4　ICIL控制的变换器小信号模型框图

在这种控制方式下，变换器的输入阻抗$Z_{in\_c}$可以表示为式（4-6）所示：

$$Z_{in\_c} = 1/Y_{in\_c} \qquad (4-6)$$

$$Y_{in\_c} = \frac{\hat{i}_g}{\hat{v}_g} = \frac{Y_{in} + T_{v0}Y_{in} - T_{v0}\dfrac{G_{vg}}{G_{vd}}G_{idg}}{1 + T_i + T_{v0}} \qquad (4-7)$$

$$T_i = F_m G_c G_{idg} H_i \qquad (4-8)$$

$$T_{v0} = F_m G_c G_v G_{vd} H_v \qquad (4-9)$$

其中，$Y_{in\_c}$表示双环控制对应的闭环输入导纳，$T_i$表示电流内环的环路增益，$H_i$和$H_v$分别表示输入电流、输出电压采样系数，$G_c$表示电流内环控制器，$G_v$表示电压外环控制器，$T_{v0}$表示当电流采样系数$H_i$等于零时变换器的外环环路增益。

同样，可以通过式（4-6）~式（4-9）求得变换器的电流内环闭环传递函数$G_{icl}$，即从A点至B点的传递函数，如式（4-10）所示：

$$G_{icl} = \frac{G_c F_m}{1 + G_c G_{idg} F_m H_i} = \frac{G_c F_m}{1 + T_i} \qquad (4-10)$$

由式（4-10），可以求得变换器在ICIL双环控制时的电压外环环路增益$T_v$，如式（4-11）所示：

$$T_v = G_{icl}G_{vd}H_v G_v = \frac{G_c F_m G_{vd}H_v G_v}{1 + T_i} = \frac{T_{v0}}{1 + T_i} \qquad (4-11)$$

由图4-4可知，当变换器的输入电流采样系数$H_i=0$时，变换器相当于处于单电压环工作模式，定义此时的变换器输入阻抗为$Z_{in\_c0}$，输入导纳为$Y_{in\_c0}$，则有：

$$Z_{in\_c0} = 1/Y_{in\_c0} \qquad (4-12)$$

$$Y_{in\_c0} = Y_{in} - \frac{T_{v0}}{1 + T_{v0}} \frac{G_{vg}}{G_{vd}} G_{idg} \tag{4-13}$$

可知，此时的电压环的环路增益即为式（4-9）中的$T_{v0}$。

根据式（4-12）和式（4-13），可以将式（4-7）表示为如下形式：

$$Y_{in\_c} = Y_{in\_c0} \frac{1 + T_{v0}}{1 + T_{v0} + T_i} \tag{4-14}$$

由于在分析变换器的传递函数时，多用频域下的对数坐标系，因此对式（4-14）两边取对数，可得：

$$
\begin{aligned}
20 \lg Y_{in\_c} &= 20 \lg Y_{in\_c0} + 20 \lg \frac{1 + T_{v0}}{1 + T_{v0} + T_i} \\
&= 20 \lg Y_{in\_c0} + 20 \lg \frac{1}{1 + \dfrac{T_i}{1 + T_{v0}}} \\
&= 20 \lg Y_{in\_c0} - 20 \lg (1 + \frac{T_i}{1 + T_{v0}})
\end{aligned} \tag{4-15}
$$

由式（4-15），可得式（4-16）成立：

$$20 \lg Z_{in\_c} = 20 \lg Z_{in\_c0} + 20 \lg (1 + \frac{T_i}{1 + T_{v0}}) \tag{4-16}$$

根据图4-4可知，在变换器设计中，一般被控对象传递函数是固定的，因此需要对控制器$G_v$、$G_c$以及采样系数$H_v$、$H_i$进行分别设计，以实现变换器特性的优化。由式（4-16）可知，在ICIL控制模式下，输入阻抗与三部分变量相关，即电流采样系数$H_i$为零时对应的单电压环闭环输入阻抗$Z_{in\_c0}$、环路增益$T_{v0}$以及电流内环的环路增益$T_i$。因此，根据式（4-16）可知：

（1）当电压外环控制器$G_v$增大时，由式（4-9）可知$T_{v0}$会增大，由式（4-12）、式（4-13）可知$Z_{in\_c0}$会增大，但是由式（4-8）可知$T_i$固定不变，根据式（4-16）此时不容易定性判断输入阻抗的变化趋势；

（2）当电流内环控制器$G_c$增大时，$T_{v0}$增大，$Z_{in\_c0}$增大，$T_i$增大，此时不易判断输入阻抗的变化趋势；

（3）当电压采样系数$H_v$增大时，$T_{v0}$增大，$Z_{in\_c0}$增大，$T_i$固定不变，此时不易判断输入阻抗的变化趋势；

（4）当电流采样系数$H_i$增大时，$T_{v0}$不变，$Z_{in\_c0}$不变，$T_i$增大，输入阻抗必将增大。

根据上述分析，讨论其他控制参数固定时，电流采样系数$H_i$对输入阻抗的影响。当$H_i$为零时，输入阻抗最小，此时变换器处于单环控制模式，图4-5给出了环路增益$T_{v0}$和$T_i$截止频率之间可能的位置关系，环路增益$T_{v0}$的截止频率用$f_{v0}$表示，电流环环路增益$T_i$的截止频率用$f_c$表示，随着电流采样系数$H_i$的增加，$f_c$从$f_{c\_1}$至$f_{c\_n}$方向递增。当电流采样系数$H_i$从零逐渐增大时，电流内环的环路增益$T_i$逐渐增大，对应的截止频率$f_c$逐渐提高。

如果$f_c$<<$f_{v0}$，在$f_c$~$f_{v0}$频率范围内，将有不等式$T_{v0}$>>1>>$T_i$成立，此时式（4-16）可以化简为：

$$20\lg Z_{in\_c} = 20\lg Z_{in\_c0} + 20\lg(1 + \frac{T_i}{1+T_{v0}}) \approx 20\lg Z_{in\_c0} \qquad （4-17）$$

这种情况下，在$f_c$~$f_{v0}$频率范围内，增大电流采样系数，变换器的输入阻抗逐渐增加，但是变化不大，约等于$Z_{in\_c0}$。

如果继续增大$H_i$使电流环截止频率$f_c$大于$f_{v0}$时，如图4-5所示，在$f_{v0}$~$f_c$频率范围内，一般有$T_i$>>1>>$T_{v0}$成立，这种情况下，式（4-16）可以化简为：

$$20\lg Z_{in\_c} = 20\lg Z_{in\_c0} + 20\lg(1 + \frac{T_i}{1+T_{v0}}) \approx 20\lg Z_{in\_c0} + 20\lg T_i \qquad （4-18）$$

由式（4-8）可知，如果增大电流采样系数$H_i$为原来的$k$倍，则电流内环的环路增益$T_i$也将变为原来的$k$倍。根据式（4-18）可知，电流采样系数增大$k$倍之后的输入阻抗$Z_{in\_c}'$可以表示为

$$20\lg Z_{in\_c}' \approx 20\lg Z_{in\_c0} + 20\lg kT_i = 20\lg Z_{in\_c0} + 20\lg T_i + 20\lg k \qquad （4-19）$$

由式（4-18）和式（4-19）可知，输入阻抗的增量等于电流内环环路增益的增量。

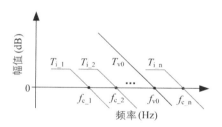

图4-5  $T_i$与$T_{v0}$的位置关系

上述内容是从改善输入阻抗的角度对ICIL控制方法进行的分析，理论分析表明：增大输入电流的采样系数$H_i$可以有效增大变化器的闭环输入阻抗$Z_{in\_c}$。然而对于级联系统中负载变换器的设计，在保证级联系统稳定性的基础上，快速性也是设计时要考虑的主要因素，因此，下面从负载变换器的电压外环响应速度的角度进行分析。

## 4.1.2  引入ICIL双环控制方法对电压环的影响

增大输入电流采样系数$H_i$，将会增大电流内环的环路增益$T_i$，而不改变$T_{v0}$，从而提高变换器的输入阻抗。根据式（4-11）可知，变换器电压外环的环路增益$T_v$必然减小，截止频率降低，降低了变换器的快速性。这也可以从另一个角度进行解释，当级联系统中的负载变换器处于电压外环控制时，在小于电压环截止频率范围内，由于深度负反馈的影响，变换器将体现为恒功率特

性，其输入阻抗将表现为负阻特性，与功率相关，约为$-V_g^2/P_L$，其中$V_g$为输入电压，$P_L$为变换器功率。当频率大于电压外环截止频率时，变换器的输入阻抗才逐渐偏离负阻特性。因此，如果变换器的电压外环截止频率固定，则在小于截止频率点范围的输入阻抗特性将不易有大的改善。这就解释了ICIL双环控制方法在提高电流采样系数时降低了电压外环环路增益的原因。所以，在实际设计ICIL双环控制的负载变换器时，可以综合式（4-11）、式（4-18）以及式（4-19）进行输入阻抗$Z_{in\_c}$和电压外环环路增益$T_l$的设计，从而进行稳定性和快速性的折中。本书重点在于改善负载变换器的输入阻抗，提高级联系统稳定性，因此从稳定性的角度对ICIL双环控制的方法进行实验验证。

## 4.2　仿真与实验验证

为了验证ICIL双环控制模式下，提高电流采样系数可以有效改善负载变换器的输入阻抗，提升级联系统的稳定性，这里将从单变换器和级联系统两方面进行验证。

### 4.2.1　单变换器的实验验证

图4-6为引入ICIL双环控制的Boost变换器原理图，电压环采用比例积分控制器，电流内环采用比例控制器，通过闭环调节实现输出电压恒定，仿真及实验参数如表4-1所示，其中$V_{m2}$表示三角调制波的幅值，开关频率100kHz。根据式（4-16）可知，增大电流采样系数$H_i$，可以增大电流内环的环路增益$T_i$，而不影响$T_{v0}$。这里选用三组电流采样系数，计算并测试变换器的输入阻抗。

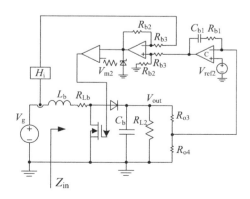

图4-6　采用ICIL双环控制的Boost变换器原理图

| 参数 | 取值 | 参数 | 取值 |
|---|---|---|---|
| $V_g$ | 15V | $C_b$ | 100μF |
| $V_{out}$ | 25V | $R_{o3}$ | 50000Ω |
| $V_{ref2}$ | 5V | $R_{o4}$ | 12500Ω |
| $V_{m2}$ | 1V | $R_{b1}$ | 350Ω |
| $L_b$ | 100μH | $C_{b1}$ | 0.19μF |
| $R_{L2}$ | 21Ω | $R_{b2}$ | 2000Ω |
| $H_i$ | 0, 0.2, 2 | $R_{b3}$ | 10000Ω |
| $R_{Lb}$ | 0.1Ω | | |

Boost变换器实验参数 表4-1

通过对变换器建模，得到理论计算的电压外环，电流内环的环路增益和输入阻抗如图4-7、图4-8所示。由此可知，当变换器增大电流采样系数$H_i$时，其电流内环环路增益$T_i$逐渐增大，提高了电流内环的截止频率，实现了增大变换器的输入阻抗。

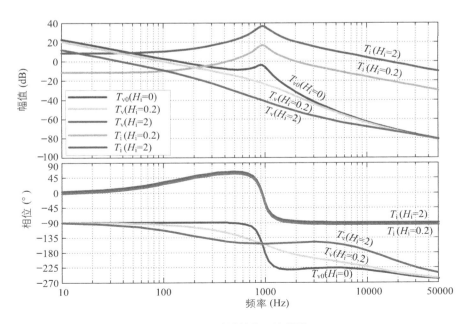

图4-7 理论计算的环路增益

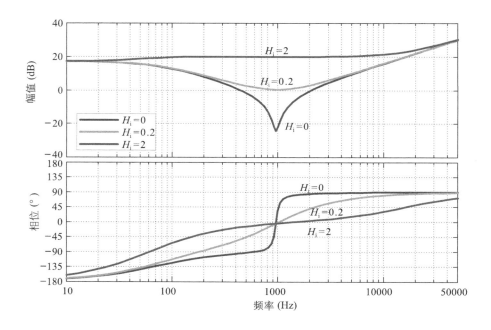

图4-8  理论计算的输入阻抗

搭建实验平台如图4-6所示，测试变换器的输入阻抗对上述理论计算结果进行实验验证。DC-DC变换器输入阻抗的测试方法如图4-9所示，图中CH₁和CH₂表示网络分析仪的探头位置，测试输入阻抗用到的电流采样通过0.1Ω电阻实现，即电流采样系数为0.1。利用CH₁和CH₂两点的交流信号电压的比例，即可求得输入阻抗的波特图。其中，交流正弦信号通过功率放大器传递至隔离变压器原边，变压器副边绕组串联接入直流电源，从而产生输入电压的扰动信号。由于变压器的副边绕组流过直流电流，因此变压器需要加入气隙以保证具有一定的抗直流饱和能力，同时要求实验中的变换器输入电流不宜过大。受变压器的频率范围限制，测试频率范围为100Hz~10kHz，通过网络分析仪得到三种工况下不同电流采样系数对应的输入阻抗数据，并通过Matlab绘制其输入阻抗曲线如图4-10所示。与图4-8相比，测试结果与理论计算结果相吻合。

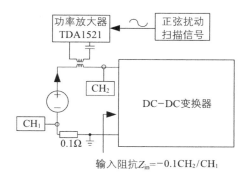

输入阻抗$Z_{in}=-0.1CH_2/CH_1$

图4-9  测试DC-DC变换器输入阻抗的方法

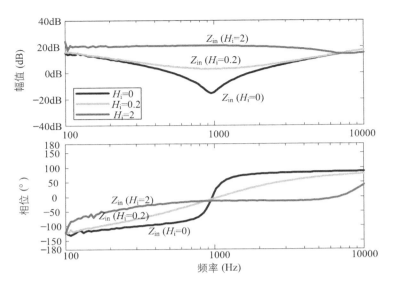

图4-10　实验测试的输入阻抗结果

## 4.2.2　级联系统的仿真与实验验证

采用PSIM仿真软件，搭建级联系统的仿真平台如图4-11所示。其中级联系统由Buck变换器级联Boost变换器构成，Buck变换器的参数如表4-2所示，其中$V_{m1}$表示三角调制波的幅值。Boost变换器的参数同上，如表4-1所示。表中电压电流参数用大写字母表示直流稳态值，开关频率均为100kHz，仿真结果如图4-12所示。

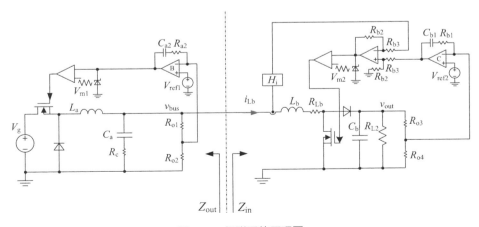

图4-11　级联系统原理图

Buck变换器参数　　　　　　　　　　表4-2

| 参数 | 取值 | 参数 | 取值 |
|---|---|---|---|
| $V_g$ | 26V | $V_{bus}$ | 15V |
| $R_{o1}$ | 10000Ω | $R_{o2}$ | 5000Ω |
| $R_{a2}$ | 1000Ω | $C_{a2}$ | 1μF |
| $L_a$ | 284μH | $C_a$ | 47μF |
| $R_c$ | 0.1Ω | $V_{ref1}$ | 5V |
| $V_{m1}$ | 3V | | |

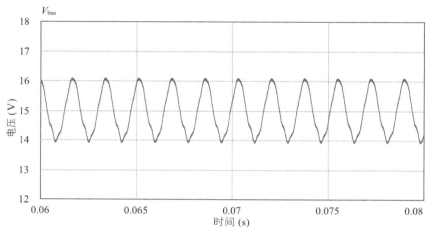

（a）电流采样系数$H_i=0$

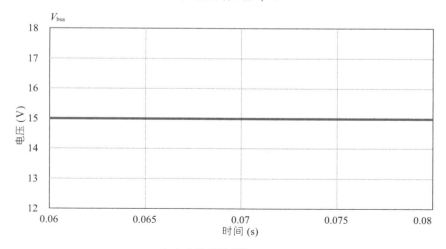

（b）电流采样系数$H_i=0.2$

图4-12　级联系统母线电压仿真结果（一）

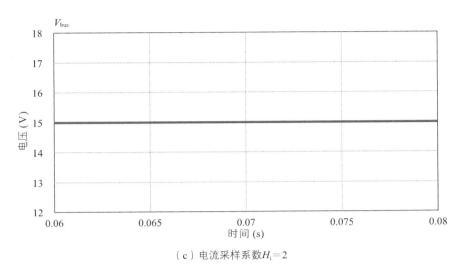

（c）电流采样系数$H_i=2$

图4-12　级联系统母线电压仿真结果（二）

　　由图4-12可得，当Boost变换器在电流采样系数$H_i=0$时，级联系统不稳定，逐渐增大电流采样系数$H_i$，可以使系统趋于稳定。根据表4-1、表4-2的参数，计算得到Buck变换器的输出阻抗$Z_{out}$以及Boost变换器的输入阻抗$Z_{in}$如图4-13所示，用Matlab根据$Z_{out}$和$Z_{in}$计算对应的阻抗比$Z_{out}/Z_{in}$构成的奈奎斯特曲线和波特图分别如图4-14和图4-15所示。

　　根据传递函数的奈奎斯特曲线和波特图的关系可知，奈奎斯特曲线与单位圆交点的频率即为波特图中幅频曲线穿越0dB的频率；奈奎斯特曲线与单位圆的交点距离负实轴的角度，即为波特图中相频曲线的相位裕度；奈奎斯特曲线与负实轴的交点与（−1, j0）点的距离决定了波特图中幅频曲线的幅值裕度。

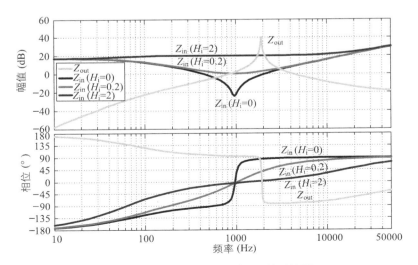

图4-13　理论计算的输入输出阻抗波特图

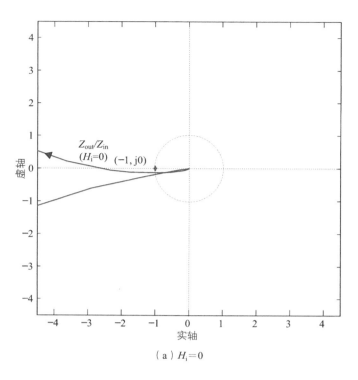

（a）$H_i = 0$

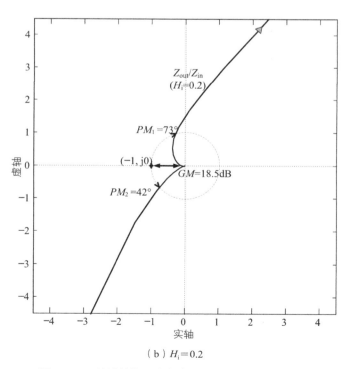

（b）$H_i = 0.2$

图4-14 理论计算的阻抗比（$Z_{out}/Z_{in}$）奈奎斯特曲线（一）

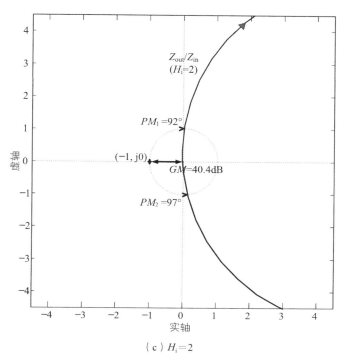

（c）$H_i = 2$

图4-14 理论计算的阻抗比（$Z_{out}/Z_{in}$）奈奎斯特曲线（二）

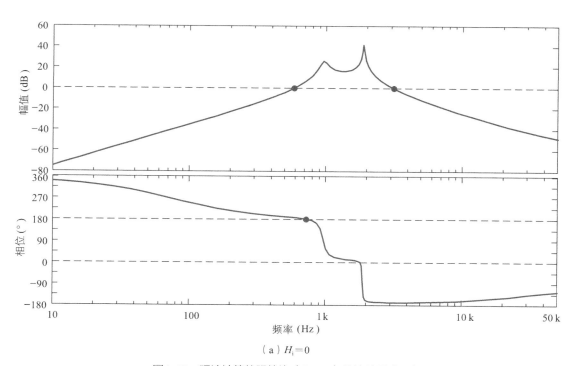

（a）$H_i = 0$

图4-15 理论计算的阻抗比（$Z_{out}/Z_{in}$）的波特图（一）

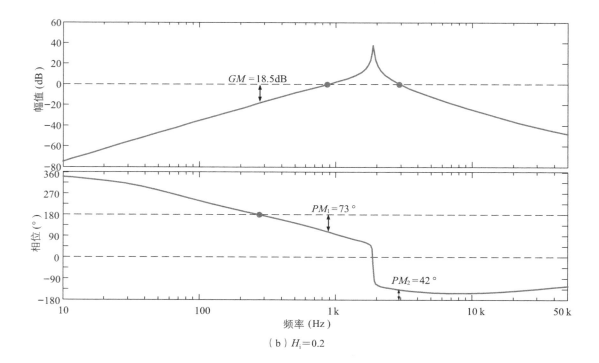

（b）$H_i = 0.2$

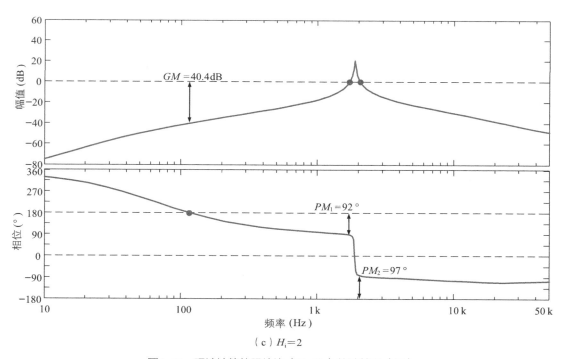

（c）$H_i = 2$

图4-15   理论计算的阻抗比（$Z_{out}/Z_{in}$）的波特图（二）

由图4-13～图4-15可知，当$H_i=0$时，在单电压外环的控制下，Boost变换器的输入阻抗$Z_{in}$与前级Buck变换器的输出阻抗$Z_{out}$产生大面积的交截区域，阻抗比构成的奈奎斯特曲线包围了（-1，j0）点，级联系统不稳定，此时由于不存在稳定裕度，因此在图4-14（a）及图4-15（a）中没有标出；当Boost变换器引入输入电流环，$H_i=0.2$时，$Z_{in}$的谐振峰逐渐减小，改善了输入阻抗的阻尼特性，大幅度减少了与前级模块输出阻抗$Z_{out}$的交截面积，保证了级联系统的稳定；当继续增大电流采样系数$H_i=2$时，$Z_{in}$的谐振峰值进一步减小，极大程度减小了$Z_{in}$与$Z_{out}$之间的相互作用，使系统级联逐渐趋于稳定，此时，级联系统的阻抗比曲线相较于$H_i=0.2$的情况，具有更大的稳定裕度。

Boost变换器的输入阻抗$Z_{in}$和Buck变换器的输出阻抗$Z_{out}$的实验测试结果如图4-16所示，这与图4-13的理论计算结果相一致。搭建级联系统的实验平台如图4-11所示，测试电流采样系数$H_i$逐渐增加时，变换器级联系统的母线电压$V_{bus}$、母线电流$i_{Lb}$、Boost变换器的输出电压$V_{out}$的实验测试结果如图4-17所示。

由图4-14～图4-17可知，随着电流采样系数$H_i$的增大，Boost变换器的输入阻抗随之增大，使其输入阻抗呈现电流性负载的性质，从而消除了Boost变换器输入阻抗中的谐振峰值，改善了其阻尼特性。相应的，随着Boost输入电流采样系数的增大，级联系统中Buck变换器输出阻抗和Boost变换器输入阻抗构成的阻抗比曲线由一开始的包含（-1，j0）点逐渐变为不包含

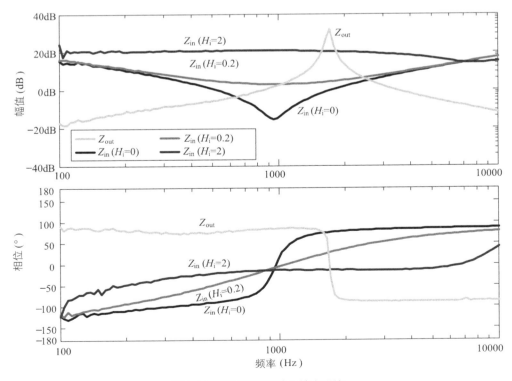

图4-16　实验测试的输入输出阻抗

（−1, j0）点，这就说明级联系统从不稳定状态逐渐趋于稳定，图4-17对此进行了验证。另一方面，由图4-14、图4-15可知，随着电流采样系数的增大，级联系统的阻抗比曲线的稳定裕度逐渐增大，从而提高了级联系统的稳定性。

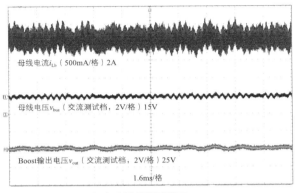

（a）电流采样系数$H_i=0$

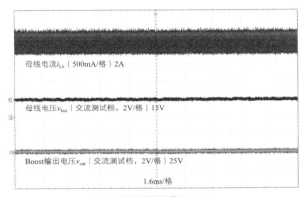

（b）电流采样系数$H_i=0.2$

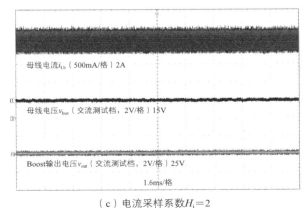

（c）电流采样系数$H_i=2$

图4-17　选择不同电流采样系数的级联系统实验波形

## 4.3 本章小结

级联系统中，源变换器的输出阻抗与负载变换器的输入阻抗是影响级联系统稳定性的重要参数。本书针对DC-DC变换器的小信号模型，提出了输入电流内环、输出电压外环的双环控制方法，分析了变换器在双环控制模式下，输入阻抗的构成形式，并得到了如下结论：

（1）随着内环电流采样系数$H_i$的增加，变换器的输入阻抗逐渐增大。

（2）当电流内环环路增益$T_i$的截止频率$f_c$大于$T_{v0}$的截止频率$f_{v0}$时，且在$f_{v0} \sim f_c$频率区间内满足$T_i \gg 1$，变换器的输入阻抗可以大幅度增加，其增量取决于电流内环的环路增益$T_i$的增量，可通过式（4-18）、式（4-19）近似计算。

（3）通过增加电流采样系数，提高电流内环的环路增益，可以有效改善变换器的输入阻抗中存在的谐振峰值，使变换器的输入阻抗体现良好的阻尼特性，从而增加阻抗比曲线的稳定裕度，提高级联系统的稳定性。

# 第5章 优化变换器输出阻抗的有源阻尼控制方法

在级联系统中，经常采用在母线中并联*RC*阻尼回路的方法，改善级联系统的稳定性。其实质在于降低了前级滤波器或者源变换器的输出阻抗，改善了其阻尼特性。为了避免损耗，Richard Redl在"*Near-Optimum Dynamic Regulation of DC-DC Converters Using Feed-Forward of Output Current and Input Voltage with Current-Mode Control*"提出了一种输出电流前馈的控制方法，以实现变换器输出阻抗近似为零，从而达到前后级变换器阻抗解耦的目的。Amir M. Rahimi在文献"*Active Damping in DC/DC Power Electronic Converters: A Novel Method to Overcome the Problems of Constant Power Loads*"针对基本变换器拓扑，提出了一种在电感支路中模拟等效串联电阻的有源阻尼控制方法，改善了前级源变换器的阻尼特性，以保证变换器级联恒功率负载系统的稳定性。

基于DC-DC变换器的小信号模型，本章提出一种有源阻尼控制方法，可以实现变换器小信号模型的输出端模拟出等效并联虚拟电阻的效果，从而降低输出阻抗，改善其阻尼特性。当采用有源阻尼控制的变换器作为级联系统中的源变换器时，通过调整其虚拟电阻值，可以降低源变换器的输出阻抗，减小其输出阻抗与后级负载变换器输入阻抗的交截范围，从而改善级联系统的稳定性。

## 5.1 考虑负载效应的DC-DC变换器的小信号模型

第3章的第3.1节内容针对考虑外加负载效应之后的变换器模型进行了分析，指出了考虑负载效应前后变换器模型参数之间的关系。为了便于分析，这里将变换器小信号模型重新给出，如图5-1所示。

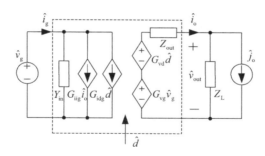

图5-1　考虑负载效应（$\hat{j}_\mathrm{o}, Z_\mathrm{L}$）的变换器小信号模型

根据第3章的式（3-4）和式（3-5）可知，考虑$Z_\mathrm{L}$的负载效应，占空比-输出电压传递函数$G_\mathrm{vd}{}'$和输出阻抗$Z_\mathrm{out}{}'$可以表示为式（5-1）和式（5-2），其中加入上标"'"的模型参数表示考虑负载效应的情况，以区别于不考虑$Z_\mathrm{L}$影响的参数。

$$G_\mathrm{vd}{}' = \frac{G_\mathrm{vd}}{1 + \dfrac{Z_\mathrm{out}}{Z_\mathrm{L}}} \qquad (5-1)$$

$$Z_\mathrm{out}{}' = \frac{Z_\mathrm{out}}{1 + \dfrac{Z_\mathrm{out}}{Z_\mathrm{L}}} = Z_\mathrm{out} \,||\, Z_\mathrm{L} \qquad (5-2)$$

需要强调的是，在考虑负载效应$Z_\mathrm{L}$对小信号模型的影响时，图5-1虚线框内表示的变换器本身的小信号模型未发生改变。这就意味着考虑负载效应前后的变换器小信号模型应当处于同一稳态工作点。

## 5.2　DC-DC变换器的有源阻尼控制方法

在级联系统中，考察源变换器的输出阻抗时，为了避免后级负载效应的影响，源变换器的输出端口应连接电流负载进行计算和分析，这是因为电流负载的小信号模型为开路，不会引入阻抗特性。图5-2表示同一个DC-DC变换器分别连接电流负载和电阻负载的两种情况，这里定义"电流负载变换器"和"电阻负载变换器"进行区分。其中大写字母表示稳态值。$d$表示占空比的瞬时值，其值可以表示为稳态值$D$和扰动量$\hat{d}$之和，$G_\mathrm{vd}$和$Z_\mathrm{out}$分别表示输出端连接电流负载时变换器的小信号模型参数，其中$G_\mathrm{vd}$表示占空比-输出电压传递函数，$Z_\mathrm{out}$表示输出阻抗。当变换器连接电阻负载$R$时，受到电阻$R$引入的负载效应影响，相较于电流负载变换器的情况，对应的传递函数将发生改变，沿用上文中的表示方法，这里用$G_\mathrm{vd}{}'$和$Z_\mathrm{out}{}'$分别表示电阻负载变换器的占空比-输出电压传递函数以及输出阻抗。当两种情况的稳态工作点相同时，式（5-3）必然成立。

$$R = V_{out}/I_o \tag{5-3}$$

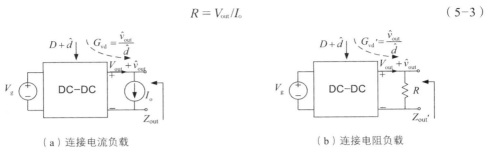

（a）连接电流负载　　　　　　　　　　　（b）连接电阻负载

图5-2　连接不同负载时DC-DC变换器结构框图

在小信号模型中，电流负载$I_o$不存在负载效应，而电阻负载$R$会引入负载效应。当两个变换器处于同一稳定工作点时，根据式（5-2）可知，图5-2中的输出阻抗$Z_{out}$与$Z_{out}'$具有下列关系

$$Z_{out}'(s) = Z_{out} \| R \tag{5-4}$$

由式（5-4）可知，虽然图5-2所示两种情况下的稳态工作点均相同，但是在小信号模型中，由于电阻$R$提供了阻尼，因此电阻负载变换器的输出阻抗$Z_{out}'$小于$Z_{out}$。另一方面，由于变换器输出阻抗与其输出滤波器结构相关，因此电阻$R$同时改善了输出滤波器的品质因数。

同样，根据式（5-1）可知，对于图5-2所示的两种情况，式（5-5）成立。

$$G_{vd}'(s) = \frac{G_{vd}}{1 + \dfrac{Z_{out}}{R}} \tag{5-5}$$

由式（5-5）可知，电阻负载变换器的占空比-输出电压传递函数$G_{vd}'$可以由电阻$R$以及电流负载变换器的相应传递函数（$G_{vd}$，$Z_{out}$）来表示。

综上所述，式（5-4）、式（5-5）给出了变换器在同一稳态工作点连接不同负载时的对应参数关系。考虑控制信号$v_{con}$和调制系数$F_m$，根据式（5-5），可以画出电阻负载变换器的小信号模型等效框图如图5-3所示。其中，虚线框整体表示电阻负载变换器的传递函数$G_{vd}'$，$G_{vd}'$用虚线框内电流负载变换器的传递函数$G_{vd}$和$Z_{out}$表示。

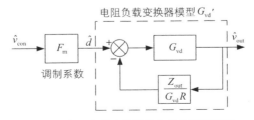

图5-3　电阻负载变换器的小信号模型框图

对图5-3进行等效变换，可以得到如图5-4所示的等效框图。由图5-4可知，在小信号模型中，如果对电流负载变换器的输出电压扰动$\hat{v}_{out}$进行采样，经过特定的反馈采样控制器叠加至控制信号$\hat{v}_{con}$，则可以实现在电流负载变换器模型的输出端模拟并联负载电阻$R$的效果。因此，这里将反馈采样控制器定义为有源阻尼控制器$H$，其通用表达式如式（5-6）所示：

$$H(s) = \frac{Z_{out}}{F_m G_{vd} R} \tag{5-6}$$

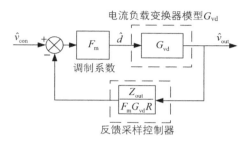

图5-4　电阻负载变换器模型的等效变换框图

加入有源阻尼控制器之后，电流负载变换器的控制量$\hat{v}_{con}$–输出电压$\hat{v}_{out}$传递函数，以及输出阻抗，将等价于电阻负载变换器的情况。上述讨论基于小信号模型的范围进行讨论，由于小信号模型中的不同变量分别表示在稳定工作点附近的交流小信号扰动，因此只需采样变换器输出电压的交流分量，进行有源阻尼控制，即可实现模型中的虚拟电阻，降低变换器输出阻抗，而不会影响稳态工作点。

对于同一变换器模型，其传递函数$G_{vd}$与$Z_{out}$具有相同的分母，这就意味着当变换器的传递函数$G_{vd}$含有右半平面（Right Half Plane，RHP）零点时，根据式（5-6）计算得到的有源阻尼控制器含有RHP极点，这种情况下的有源阻尼控制器本身不稳定，不易在实际工程中实现。因此，该方法适用于变换器传递函数$G_{vd}$中不含有RHP零点的情况，比如全桥、正激、Superbuck、Weinberg以及HE–Boost等变换器。

对于采用有源阻尼控制之后的变换器，图5-5给出了闭环控制调节其输出电压时的小信号控制框图。其中，$H_v$表示电压采样系数，$G_v$表示电压环控制器，$\hat{v}_{ref}$表示控制信号指令。不难看出，这是一个对输出电压进行二次采样的闭环控制系统，内电压环是一个有源阻尼控制环，外电压环是一个输出恒压环。

上文中讨论了当变换器连接电流负载$I_o$，其功率点为$P$，输出电压为$V_{out}$时，虚拟电阻等于$R$（$R = V_{out}^2 / P$）的情况，即虚拟电阻与稳态功率点相对应。进一步讨论，因为这种方法仅需采样输出电压的交流分量进行有源阻尼控制，因此虚拟电阻仅存在于小信号模型的输出端，所以虚拟电阻值可以改变而不会影响其稳态工作点。这样可以实现在同一稳定工作点情况下，变换器具有不同的阻尼特性和输出阻抗。换言之，虚拟电阻值无需对应变换器所

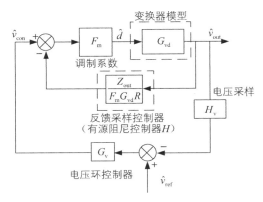

图5-5　采用有源阻尼控制器的变换器闭环小信号控制框图

处的功率点。然而这种情况一般无法用连接对应阻值的电阻负载情况进行验证，这是因为当变换器连接的电阻值发生改变时，其稳态工作点也发生了变化，因此小信号模型也会发生改变。

## 5.3　有源阻尼控制的Buck变换器

本节以电流负载型Buck变换器为例，计算其输出端模拟加入虚拟电阻$R$时的有源阻尼控制器$H$。图5-6表示Buck变换器采用有源阻尼控制器的示意图。为了简化计算，仅考虑输出电容的ESR寄生参数$R_c$。

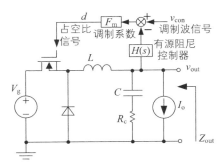

图5-6　加入有源阻尼控制器的电流负载Buck变换器控制示意图

对于电流负载Buck变换器，其输出阻抗$Z_{out}$和占空比-输出电压传递函数$G_{vd}$分别表示为：

$$Z_{out}(s) = \frac{sL(sCR_c + 1)}{s^2LC + sCR_c + 1} \qquad (5-7)$$

$$G_{vd}(s) = \frac{V_g(sCR_c + 1)}{s^2LC + sCR_c + 1} \qquad (5-8)$$

根据式（5-6）可知，有源阻尼控制器可以表达为：

$$H(s) = \frac{sL}{F_m V_g R_{virtual}} \qquad (5-9)$$

其中，$R_{virtual}$表示需要进行虚拟的电阻值。当变换器采用幅值为$V_m$的三角载波进行调制时，调制系数可以表示为：

$$F_m = \frac{1}{V_m} \qquad (5-10)$$

将式（5-10）代入式（5-9）可得：

$$H(s) = \frac{sLV_m}{V_g R_{virtual}} \qquad (5-11)$$

上述分析针对电流负载型Buck变换器进行了讨论。当其负载为电阻或者其他变换器时，由式（5-4）、式（5-5）可知，负载效应使得变换器的占空比-输出电压传递函数以及输出阻抗的分母发生了相同的变化。根据式（5-6）可知，Buck变换器的有源阻尼控制器形式仍然如式（5-11）所示，即负载效应不会对变换器所需的有源阻尼控制器产生影响。

为了不影响变换器的稳态工作点，实现在小信号模型中输出端模拟虚拟电阻$R_{virtual}$，需要对输出电压的交流分量进行采样。由式（5-11）可知，Buck变换器的有源阻尼控制器形式为微分器。由于输出端电压的直流分量经过微分器之后等于零，不会对控制信号产生影响，因此有源阻尼控制器可以直接连接至Buck变换器的输出侧，而不需要隔离直流分量。

根据图5-5和图5-6，可以得到一种Buck变换器的有源阻尼控制实现方法，如图5-7所示，其中$v_{con}$表示控制信号，同相加法器中$R_1 \sim R_4$电阻值均相同，以实现同相加法作用。这种方法符合图5-5和图5-6中的控制逻辑，采用微分器对输出电压进行交流采样，得到反相的微分信号，再通过加法器叠加至调制波信号中。但是这种控制电路的缺点是有源阻尼控制部分采用了两个运算放大器，并且控制电路的电阻电容数量较多，微分器极易放大电路中的干扰信号。

这里给出一种改进的有源阻尼控制方法的实现电路，如图5-8所示，只需用一个运算放大器即可实现有源阻尼控制，其中，$v_{con}$表示控制信号，可以是给定的直流信号，也可以是外环控制器的输出。当$v_{con}$连接直流信号时，变换器处于开环工作状态；当$v_{con}$连接外电压环控制器的输出时，变换器处于闭环工作状态，调节输出电压。

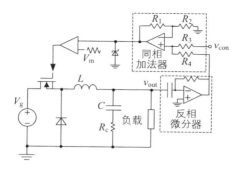

图5-7　采用加法器和微分器实现的有源阻尼控制的Buck变换器

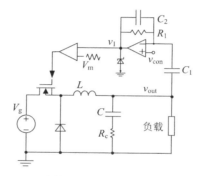

图5-8　Buck变换器有源阻尼控制的改进实现方法

根据图5-8可以计算控制器的输入输出关系为：

$$v_1 = (v_{con} - v_{out})\frac{sC_1R_1}{sC_2R_1 + 1} + v_{con} \tag{5-12}$$

可见，控制器是一个带有极点的微分控制器，附加的极点可以设置在高频段以消除干扰，抑制噪声。因此，有源阻尼控制器$H$可以表述为：

$$H(s) = \frac{sC_1R_1}{sC_2R_1 + 1} \tag{5-13}$$

由式（5-13）可知，电容$C_1$、电阻$R_1$构成了微分系数，而电容$C_2$、电阻$R_1$构成了极点。在实际实验中，可以根据式（5-11）计算得到的结果设置$C_1$、$R_1$的值，将$C_2$、$R_1$构成的极点频率设计在高频处，以消除电路中的干扰。将式（5-13）代入式（5-12），并对其中的变量进行小信号扰动化，可得：

$$V_1 + \hat{v}_1 = (V_{con} + \hat{v}_{con} - V_{out} - \hat{v}_{out})H + V_{con} + \hat{v}_{con} \tag{5-14}$$

由式（5-14）可知，变量的小信号扰动关系表示为：

$$\hat{v}_1 = (\hat{v}_{con} - \hat{v}_{out})H + \hat{v}_{con} \qquad (5\text{-}15)$$
$$= \hat{v}_{con}(1 + H) - \hat{v}_{out}H$$

　　根据式（5-15）可以得到小信号模型的控制框图，如图5-9所示。其中，$H$表示有源阻尼控制器，虚线部分表示输出恒压环，$G_v$为电压闭环控制器，$H_v$表示电压采样系数。对比图5-5和图5-9可知，这种控制电路会增加对控制量小信号扰动$\hat{v}_{con}$的微分项，即$\hat{v}_{con}H$，如图5-9中粗实线箭头所代表的通路所示。当变换器工作在开环模式时，由于$v_{con}$为直流量，其扰动量$\hat{v}_{con}$为零，因此不会对变换器的控制特性造成影响，所以图5-8给出的控制方法可以适用于开环工况；当变换器处于闭环工作时，由电压外环控制器$G_v(s)$的输出作为控制信号$\hat{v}_{con}$的给定。如果有源阻尼控制器$H$远小于1，则$\hat{v}_{con}(1+H) \approx \hat{v}_{con}$，即可以忽略图5-9中粗实线箭头通路对控制环路的影响，在这种情况下，图5-8给出的有源阻尼控制实现电路也可以应用于闭环控制。

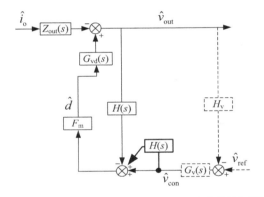

图5-9　加入有源阻尼控制的变换器闭环小信号控制框图

## 5.4　实验验证

　　实验部分将从两个方面进行验证，第一部分将验证开环工作时有源阻尼控制器对于降低单变换器输出阻抗的有效性，第二部分将验证级联系统中闭环控制的源变换器在引入有源阻尼控制器之后对级联系统的影响。

## 5.4.1 有源阻尼控制Buck变换器的实验验证

| | Buck变换器的主电路参数 | | 表5-1 |
|---|---|---|---|
| 参数 | 取值 | 参数 | 取值 |
| $V_g$ | 26V | $V_{out}$ | 15V |
| $L$ | 284μH | $C$ | 47μF |
| $V_m$ | 3V | $R_c$ | 0.1Ω |

　　首先进行单变换器开环工况的验证，图5-10给出了连接不同负载情况时Buck变换器采用有源阻尼控制器的原理图。控制信号$V_{con}$决定了变换器的稳态占空比。开关$S_1$用于选择是否采用有源阻尼控制器，当$S_1$断开时运算放大器与$R_1$构成了电压跟随器，$S_1$闭合时变换器引入有源阻尼控制器。开关$S_2$选择变换器所连接的负载类型：电阻负载或者电流负载，实验中通过电子负载Agilent N3300中的CR（恒定电阻）模式和CC（恒定电流）模式进行模拟。对应的主电路参数如表5-1所示，其中输出电容选择多个陶瓷电容并联，因此具有较小的ESR，经过测量得到ESR值约为0.1Ω。

　　单独变换器的实验验证分为两部分，在第一部分实验中，针对电流负载变换器，有源阻尼控制器模拟与当前功率点对应的虚拟电阻$R_{virtual}$，即$R_{virtual} = V_{out}^2/P$；在第二部分实验中，有源阻尼控制器模拟与稳态功率点无关的虚拟电阻$R_{virtual}$，即$R_{virtual} \neq V_{out}^2/P$。

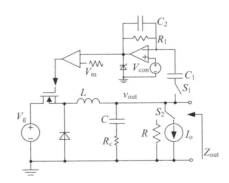

图5-10　采用有源阻尼控制的Buck变换器对比实验原理图

（1）虚拟电阻对应于稳态功率点的实验验证

首先进行变换器输出电压为15V时，在相同功率点处不同工况的实验测试：

1）工况A：变换器连接电流负载2A。

2）工况B：变换器连接电阻负载7.5Ω。

3）工况C：变换器加入有源阻尼控制器（虚拟电阻7.5Ω），同时连接电流负载2A。

不同工况的实验参数如表5-2所示，开关频率为100kHz。

**相同功率点不同工况的实验参数** 表5-2

| 工况 | 输出电压 | 负载 | 虚拟电阻值$R_{virtual}$ |
|------|---------|------|------------------------|
| A | $V_{out}$=15V | $I_o$=2A | — |
| B | $V_{out}$=15V | $R$=7.5Ω | — |
| C | $V_{out}$=15V | $I_o$=2A | $R_{virtual}$=7.5Ω<br>（$R_1$=4.3kΩ, $C_1$=1nF, $C_2$=2.2nF） |

实验中工况C的虚拟电阻$R_{virtual}$为7.5Ω，等于工况B中变换器连接的电阻负载$R$的阻值，有源阻尼控制器的高频极点设置在16kHz左右，以抑制微分器对高频段噪声的作用，保证系统稳定。由于工况B与工况C的稳态工作点相同，因此在小信号模型中，变换器的输出端均等同于连接了阻值为7.5Ω的电阻，从而实现了工况B与工况C的等价（包括稳态工作点和小信号模型）。采用网络分析仪对上述三种工况的变换器输出阻抗进行测试，得到测试结果如图5-11所示。

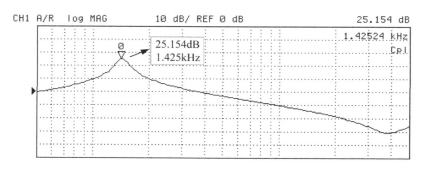

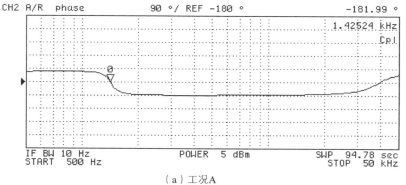

（a）工况A

图5-11 相同功率点Buck变换器输出阻抗测试（一）

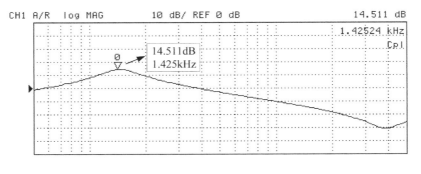

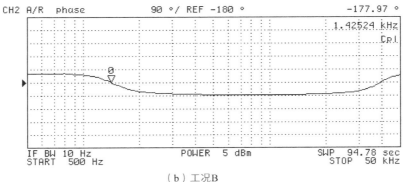

（b）工况B

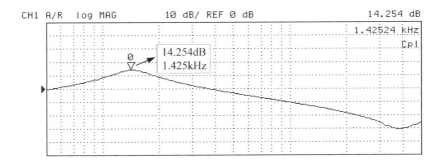

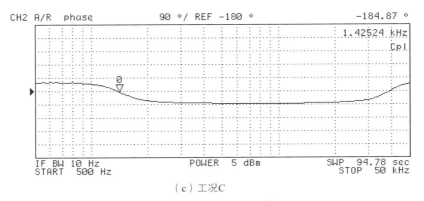

（c）工况C

图5-11 相同功率点Buck变换器输出阻抗测试（二）

　　在工况A中，Buck变换器连接电流负载，其电路中的阻尼仅由寄生参数决定，因此具有较大的输出阻抗峰值（25.154dB），谐振频率约为1.425kHz，如图5-11（a）所示。工况B中，负载电阻提供较大的阻尼，大幅度降低了1.425kHz时输出阻抗的峰值（14.511dB），改善了变换器输出滤波器的品质因数，如图5-11（b）所示。在工况C中，Buck变换器接入电流负载，由于采用有源阻尼控制器虚拟了7.5Ω电阻，因此输出阻抗与工况B中的Buck变换器相同，所以图5-11（c）与图5-11（b）基本一致。因此，有源阻尼控制器达到了变换器输出端连接虚拟电阻的效果，降低了变换器的输出阻抗，改善了变换器的阻尼特性。

　　图5-12给出了控制信号$\hat{v}_{con}$至输出电压$\hat{v}_{out}$的传递函数测试结果。由图5-12（a）可知，工况A中控制信号$\hat{v}_{con}$至输出电压$\hat{v}_{out}$的传递函数在谐振频率处具有较高的谐振峰值。当工况B中变换器连接电阻负载时，传递函数表现了较好的阻尼特性，谐振峰值被大幅度衰减，如图5-12（b）所示。在工况C中，变换器在采用有源阻尼控制器之后，即使连接电流负载，传递函数依然表现了较好的阻尼特性，如图5-12（c）所示。由于工况B与工况C中变换器的小信号模型相同，因此图5-12（b）与图5-12（c）测试得到的$\hat{v}_{con}$-$\hat{v}_{out}$传递函数曲线几乎相同，仅在高频处略有偏差。

　　图5-13给出了开环Buck变换器进行负载阶跃时输出电压$V_{out}$和电感电流$i_L$的阶跃响应波形。图5-13（a）给出了工况A中电流负载从1A阶跃至2A的响应波形，图5-13（b）给出了工况B中电阻负载从15Ω阶跃至7.5Ω的响应波形，图5-13（c）给出了工况C中采用有源阻尼控制器的Buck变换器的电流负载从1A阶跃至2A的响应波形。

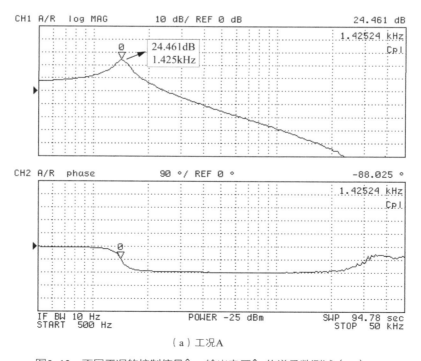

（a）工况A

图5-12　不同工况的控制信号$\hat{v}_{con}$-输出电压$\hat{v}_{out}$传递函数测试（一）

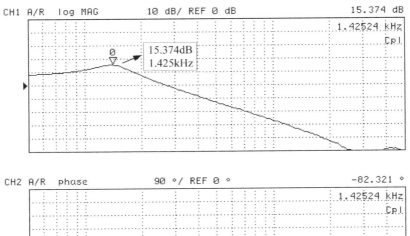

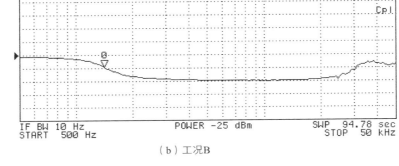

（b）工况B

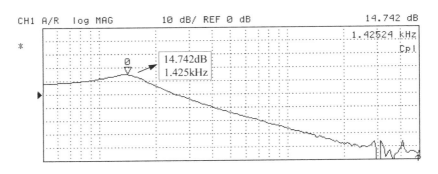

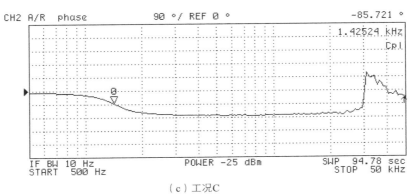

（c）工况C

图5-12　不同工况的控制信号$\hat{v}_{con}$-输出电压$\hat{v}_{out}$传递函数测试（二）

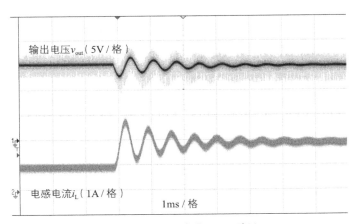

（a）工况A中电流负载1A~2A阶跃

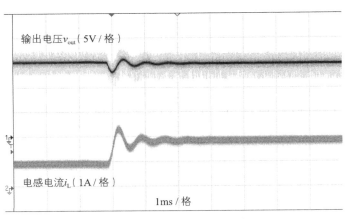

（b）工况B中电阻负载15Ω~7.5Ω阶跃

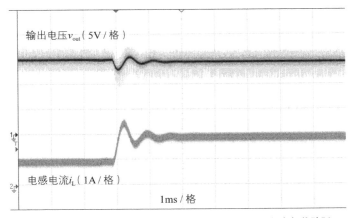

（c）工况C中加入有源阻尼控制的变换器进行1A~2A电流负载阶跃

图5-13　开环Buck变换器的负载阶跃响应

由图5-13（a）可知，当Buck变换器连接电流负载时，由于电路内部阻尼很小，其负载阶跃响应产生较长时间的震荡，约为6ms。当Buck变换器连接电阻负载或者采用有源阻尼控制时，变换器分别通过电阻和有源阻尼控制器增加了电路中的阻尼，因此负载阶跃响应的震荡时间较短，如图5-13（b）和图5-13（c）所示，震荡时间约为2ms。

（2）虚拟电阻与稳态功率点无关的实验验证

变换器输出电压为15V时，进行不同功率点的实验测试，实验包括以下工况：

1）工况D：变换器连接电阻负载5Ω。

2）工况E：变换器连接电阻负载15Ω并且加入有源阻尼控制器，虚拟电阻等于7.5Ω。

3）工况F：变换器连接电阻负载15Ω。

工况E中电路的稳态功率等于15W，负载为15Ω，由于设定的虚拟电阻为7.5Ω，因此小信号模型的输出端等价连接了5Ω的电阻。工况D中的稳态功率等于45W，负载电阻等于5Ω，因此小信号模型的输出端电阻同样等于5Ω。虽然工况D与工况E所对应的稳态功率点不同，但根据式（5-7）和式（5-8）可知，在忽略寄生参数的影响下，Buck变换器的传递函数不受稳态功率点的影响。换言之，其小信号模型的传递函数仅由其主电路参数决定。因此，工况D与工况E的小信号模型相同，工况E中引入有源阻尼控制器的变换器模型可以通过工况D中的变换器模型进行验证。由上述分析可知，加入有源阻尼控制器可以在变换器的轻载工况中实现与重载工况等价的阻尼效果，从而降低轻载工况中变换器的输出阻抗。

不同工况的实验参数如表5-3所示，开关频率为100kHz。通过测试，得到输出阻抗和控制信号$\hat{V}_{con}$–输出电压$\hat{V}_{out}$传递函数分别如图5-14、图5-15所示。

**不同功率点的实验参数**　　　　　　　　　　　　　表5-3

| 工况 | 输出电压 | 负载 | 虚拟电阻$R_{virtual}$ |
|---|---|---|---|
| D | $V_{out}$=15V | R=5Ω | 无 |
| E | $V_{out}$=15V | R=15Ω | $R_{virtual}$=7.5Ω<br>（$R_1$=4.3kΩ，$C_1$=1nF，$C_2$=2.2nF） |
| F | $V_{out}$=15V | R=15Ω | 无 |

工况D中变换器的输出阻抗在谐振频率（1.425kHz）处的幅值约为11.965dB；对于工况E，由于变换器本身连接了15Ω电阻负载，同时采用有源阻尼控制器模拟了7.5Ω的虚拟电阻，因此变换器小信号模型的输出端口等效连接了阻值为5Ω的电阻，在谐振频率处（1.425kHz），其输出阻抗峰值为11.271dB；工况F中变换器在谐振频率（1.425kHz）处的输出阻抗峰值为16.572dB。

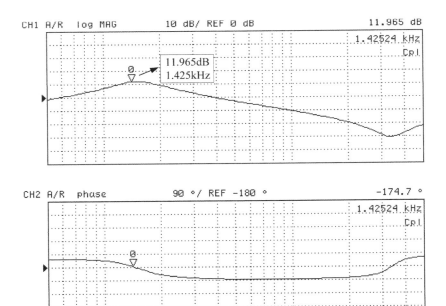

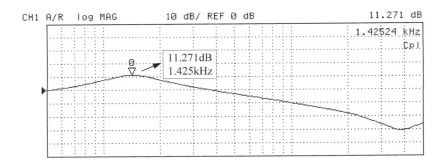

（a）工况D

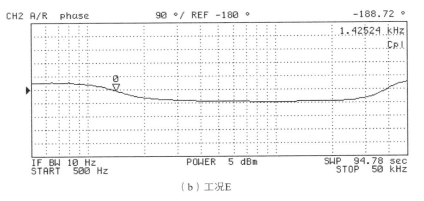

（b）工况E

图5-14　不同功率点Buck变换器输出阻抗测试结果（一）

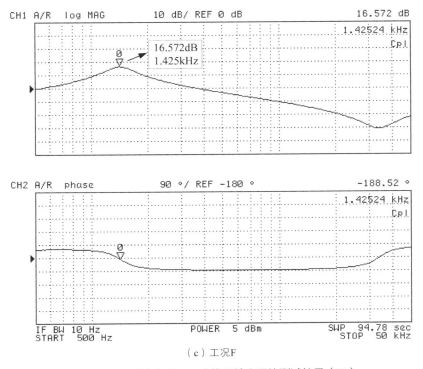

（c）工况F

图5-14　不同功率点Buck变换器输出阻抗测试结果（二）

　　根据式（5-7）和式（5-8）可知，虽然功率点不同，但是理论上工况E与工况D的小信号模型是相同的。实际中，变换器的电感值会受到稳态电流值的影响而改变，并且变换器存在寄生参数和开关管导通压降等因素，因此功率点的不同会影响变换器的小信号模型，导致测试结果产生一定误差。由图5-14和图5-15可知，变换器单独连接15Ω电阻时，其模型传递函数的波特图在谐振频率处具有较高峰值。在此功率点基础上，通过模拟阻值等于7.5Ω的虚拟电阻，大幅度地降低了变换器的输出阻抗，改善了阻尼特性，优化了控制信号$\hat{v}_{con}$-输出电压$\hat{v}_{out}$传递函数。

　　综上所述，有源阻尼控制器可以实现变换器小信号模型的输出端等效并联一个虚拟电阻，从而降低变换器的输出阻抗。虚拟电阻可以改善变换器的阻尼特性，加强其稳定性。由于虚拟电阻仅存在于小信号模型中，所以虚拟电阻值可以与稳态功率点不相关。这种方法仅需已知变换器的占空比-输出电压传递函数$G_{vd}$与输出阻抗$Z_{out}$，因此具有可扩展性。

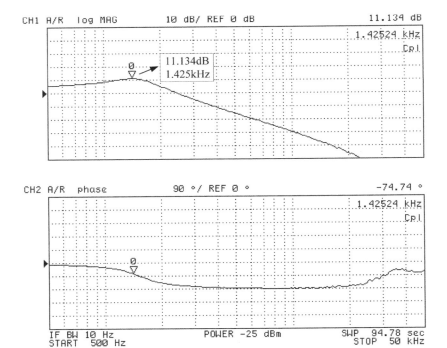

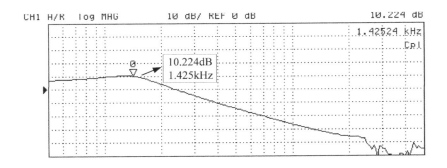

（a）工况D

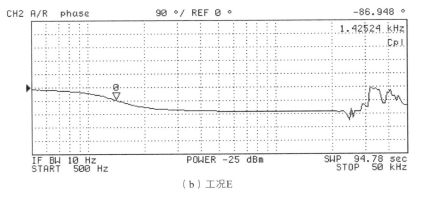

（b）工况E

图5-15 不同功率点处Buck变换器的控制信号$\hat{v}_{con}$-输出电压$\hat{v}_{out}$传递函数（一）

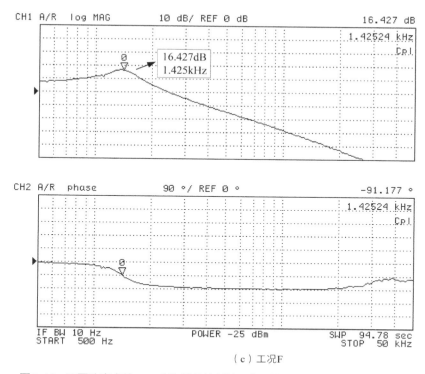

（c）工况F

图5-15　不同功率点处Buck变换器的控制信号$\hat{v}_{con}$-输出电压$\hat{v}_{out}$传递函数（二）

## 5.4.2　级联系统的实验验证

为了验证级联系统中闭环控制的源变换器在引入有源阻尼控制器之后对级联系统的影响，搭建实验平台如图5-16所示，级联系统的参数如表5-4所示，表中电压电流参数用大写字母表示稳态值，其中$V_{m1}$与$V_{m2}$分别指不同变换器的三角调制波幅值，开关频率均为100kHz。根据式（5-13），绘制出有源阻尼控制器$H$的波特图如图5-17所示。由图5-17可知，有源阻尼控制器的幅频曲线在0dB以下，因此$H$远远小于1。根据式（5-15）可知，图5-9的粗实线箭头通路对控制环路的影响可以忽略，所以图5-8所示的有源阻尼控制实现电路可以应用于闭环工况。

级联系统由Buck变换器级联Boost变换器构成，其中Buck变换器采用单电压闭环控制，在加入有源阻尼控制器前后，分别测试母线负载发生突变时，母线电压$v_{bus}$和母线电流$i_{bus}$的阶跃响应波形。

为了避免母线上的负载阶跃对级联系统引入额外的负载阻抗，实验中采用电子负载的电流模式（CC Mode）进行0~2A的阶跃，这是因为电流负载的阻抗特性表现为开路，不会对级联系统的稳定性造成影响。其中Boost变换器采用了上一章所述的引入输入电流内环（ICIL）的双环控制方法以增大Boost变换器的输入阻抗，保证系统具有足够的稳定裕度。

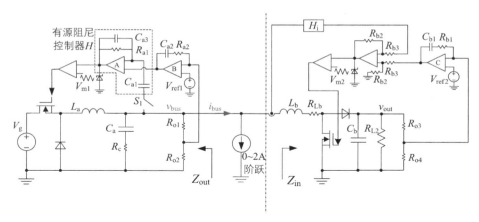

图5-16  级联系统的原理图

### 级联系统的电路参数                                                  表5-4

| 参数 | 取值 | 参数 | 取值 |
|------|------|------|------|
| $V_g$ | 26V | $V_{bus}$ | 15V |
| $R_{o1}$ | 10000Ω | $R_{o2}$ | 5000Ω |
| $R_{a2}$ | 1000Ω | $C_{a2}$ | 1μF |
| $C_{a1}$ | 1nF | $R_{a1}$ | 4.3kΩ |
| $C_{a3}$ | 2.2nF | $R_c$ | 0.1Ω |
| $L_a$ | 284μH | $C_a$ | 47μF |
| $V_{m1}$ | 3V | $V_{ref1}$ | 5V |
| $L_b$ | 100μH | $R_{Lb}$ | 0.1Ω |
| $C_b$ | 100μF | $R_{L2}$ | 21Ω |
| $R_{o3}$ | 50000Ω | $R_{o4}$ | 12500Ω |
| $C_{b1}$ | 0.19μF | $R_{b1}$ | 350Ω |
| $R_{b2}$ | 2000Ω | $R_{b3}$ | 10000Ω |
| $V_{m2}$ | 1V | $V_{ref2}$ | 5V |
| $V_{out}$ | 25V | $H_i$ | 2 |

　　根据表5-4所示参数，可知当级联系统的母线中电流负载发生阶跃时，Buck变换器的输出电流从2A变化至4A。根据式（5-7）、式（5-8）可知，在忽略寄生参数的影响下，变换器的稳态功率点不会对输出阻抗和占空比-输出电压传递函数造成影响。因此这里测试Buck变换器在连接2A电流负载时的输出阻抗$Z_{out}$，以及Boost变换器的输入阻抗$Z_{in}$，将测试得到的结果绘制于同一波特图中，如图5-18所示。

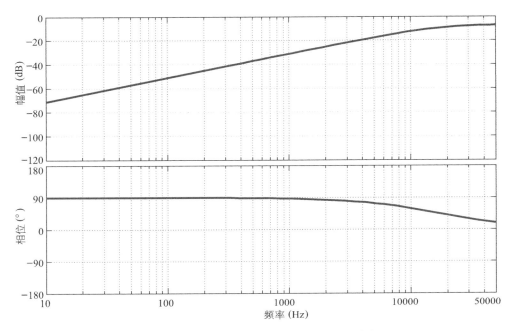

图5-17  Buck变换器对应的有源阻尼控制器$H$波特图

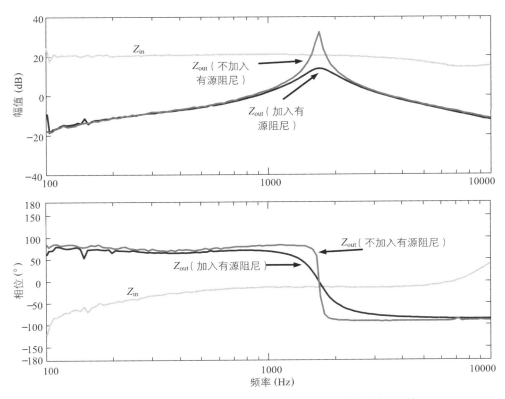

图5-18  实验测试的Buck变换器输出阻抗$Z_{out}$及Boost变换器输入阻抗$Z_{in}$

　　由上一章内容可知，级联系统选用的实验参数在不加入有源阻尼情况下能够保证系统稳定。根据图5-18，当Buck变换器采用有源阻尼控制器之后，Buck变换器的输出阻抗$Z_{out}$得到大幅度降低，和Boost变换器的输入阻抗$Z_{in}$不会产生交截区域，极大地提高了变换器的稳定裕度。

　　根据图5-16，实验测试当母线电流负载发生0~2A阶跃时，对应的母线电压$v_{bus}$及电流$i_{bus}$响应波形，得到测试结果如图5-19所示。

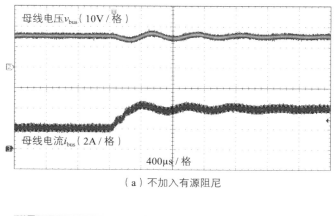

（a）不加入有源阻尼

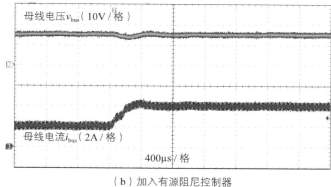

（b）加入有源阻尼控制器

图5-19　加入有源阻尼控制前后级联系统母线电压和电流的阶跃响应

　　由图5-18和图5-19可知，有源阻尼控制器有效地减小了Buck变换器的输出阻抗$Z_{out}$，使级联系统具有更大的稳定裕度，从而在母线发生负载阶跃时，加快系统响应速度，缩短响应时间，减小震荡。

## 5.5　本章小结

　　DC-DC变换器的输出阻抗是影响级联系统稳定性和动态特性的重要参数。本章提出了一种适用于无RHP零点型DC-DC变换器的有源阻尼控制方法。该方法能够实现变换器小信号模型的输出端并联虚拟电阻的效果，从而降低变换器的输出阻抗，改善其阻尼特性。这种方法仅需采样变换器输出端电压的交流分量，因此虚拟电阻仅存在于变换器的小信号模型中，而不会影响稳态工作点。通过计算变换器小信号模型相关的传递函数，即可得到对应的有源阻尼控制器形式。本章以Buck变换器为例，提出了一种改进型有源阻尼控制实现电路，对有源阻尼控制方法的有效性进行了实验验证。

# 第6章 结论

本书针对高性能直流变换器系统中的稳定性问题进行了研究，主要针对直流变换器中的重要参数进行了分析并提出相应的优化方法，其中包括：被控对象传递函数、音频敏感率、输入阻抗和输出阻抗。

被控对象传递函数在闭环负反馈的系统设计中起着重要作用，当变换器模型的阶数较高时，不可避免地存在多个零极点，尤其当变换器模型的传递函数中存在右半平面零点时，被控对象的相频曲线容易较早地穿越−180°，这会限制环路增益带宽的提高。本书第2章针对广泛应用于航天电源系统的Superbuck变换器，提出了一种阻尼回路参数设计方法。通过在变换器中间电容两端并联RC阻尼回路，选择合适的阻尼参数，可以有效避免Superbuck变换器出现右半平面零点，从而使被控对象传递函数成为最小相位系统，提高了闭环系统环路增益的稳定裕度和带宽，使闭环系统具有快速性和稳定性。通过仿真和实验对这种设计方法的有效性进行了验证。

输入电压前馈控制可以有效降低变换器的音频敏感率，提高变换器对输入电压扰动的抗干扰能力，在理论上采用前馈控制可以实现音频敏感率等于零。但是当变换器的模型阶数较高时，变换器所需的前馈控制器形式较为复杂，并且求解过程繁琐。本书提出了一种在求解变换器所需前馈控制器时可以采用的模型简化方法，同时能够直观地判断出影响前馈控制器传递函数的主电路参数，并且采用双电感和双电容构成的电流连续型拓扑族为例进行说明。此外，当需要大幅度衰减变换器的音频敏感率时，本书还提出了采用与理论上所需前馈控制器对应的比例形式控制器进行前馈，实现对音频敏感率的衰减，从而大大简化了前馈控制器的设计和实现过程。本书分析了这种方法能够有效衰减音频敏感率的频率范围，并指出了变换器所需的比例前馈控制器仅取决于变换器直流增益比的规律。通过对Superbuck变换器在加入比例前馈控制器前后的音频敏感率进行测试，以及比较Superbuck变换器对不同频率电源扰动分量的抑制效果，验证了理论分析的正确性。

变换器的输入阻抗和输出阻抗是影响变换器在级联系统中稳定性的重要参数。即使变换器单独工作时稳定，在级联系统中依然可能存在因为阻抗不匹配而造成的不稳定现象。本书通过对DC-DC变换器的通用小信号模型进行分析，提出了输入电流内环、输出电压外环的双环控制方法以提高变换器的输入阻抗。通过合理配置电流内环的截止频率、改变电流采样系数、设计内环环路增益，可以有效地提高变换器的输入阻抗，改善其阻尼特性，提高变换器在级联系统中的稳定性。通过测试Boost变换器在引入输入电流内环时选择不同电流采样系数下的输入阻抗，对理论分析进行了实验验证。在Buck变换器和Boost变换器构成的级联系统中，进一步验证了这种方法对提高级联系统稳定性的有效性。

针对优化变换器的输出阻抗，本书提出了一种有源阻尼控制方法，可以适用于模型中不存在右半平面零点的变换器拓扑。通过引入有源阻尼控制器，可以实现在变换器的输出端模拟并联一个电阻负载，从而向变换器的小信号模型中引入阻尼，改善变换器的阻尼特性，降低了输出阻抗，提高了变换器的稳定性，同时不会增加变换器的损耗。本书给出了有源阻尼控制器设计的一般方法，以Buck变换器为例进行了有源阻尼控制器的设计，同时提出了一种改进型的有源阻尼控制器实现电路，通过实验验证了理论分析的正确性。在Buck和Boost变换器构成的级联系统中，进一步验证了有源阻尼的控制方法对级联系统稳定性和动态特性的改善作用。

# 参考文献

[1] Boroyevich D, Cvetkovic I, Dong D, et al. Future electronic power distribution systems a contemplative view: Optimization of Electrical and Electronic Equipment (OPTIM), 2010 12th International Conference on, 2010[C].

[2] Wilson T G. The evolution of power electronics[J]. Power Electronics, IEEE Transactions on, 2000,15(3):439-446.

[3] Blaabjerg F, Zhe C, Kjaer S B. Power electronics as efficient interface in dispersed power generation systems[J]. Power Electronics, IEEE Transactions on, 2004,19(5):1184-1194.

[4] Osifchin N. A telecommunications buildings/power infrastructure in a new era of public networking: Telecommunications Energy Conference, 2000. INTELEC. Twenty-second International, 2000[C].

[5] Emadi A, Young-Joo L, Rajashekara K. Power Electronics and Motor Drives in Electric, Hybrid Electric, and Plug-In Hybrid Electric Vehicles[J]. Industrial Electronics, IEEE Transactions on, 2008, 55(6): 2237-2245.

[6] Rosero J A, Ortega J A, Aldabas E, et al. Moving towards a more electric aircraft[J]. Aerospace and Electronic Systems Magazine, IEEE, 2007, 22(3): 3-9.

[7] Ericsen T, Khersonsky Y, Steimer P K. PEBB Concept Applications in High Power Electronics Converters: Power Electronics Specialists Conference, 2005. PESC′05. IEEE 36th, 2005[C].

[8] McCoy T J, Amy J V. The state-of-the-art of integrated electric power and propulsion systems and technologies on ships: Electric Ship Technologies Symposium, 2009. ESTS 2009. IEEE, 2009[C].

[9] Luo S. A review of distributed power systems part I: DC distributed power system[J]. Aerospace and Electronic Systems Magazine, IEEE, 2005, 20(8): 5-16.

[10] Gholdston E W, Karimi K, Lee F C, et al. Stability of large DC power systems using switching converters, with application to the International Space Station: Energy Conversion Engineering Conference, 1996. IECEC 96., Proceedings of the 31st Intersociety, 1996[C].

[11] Lindman P, Thorsell L. Applying distributed power modules in telecom systems: Applied Power Electronics Conference and Exposition, 1994. APEC′94. Conference Proceedings 1994., Ninth Annual, 1994[C].

[12] 张犁，孙凯，冯兰兰，等，一种模块化光伏发电并网系统_张犁[J]. 中国电机工程学报，2011，31(1): 26-31.

[13] Williams B W. DC-to-DC Converters With Continuous Input and Output Power[J]. Power Electronics, IEEE Transactions on, 2013, 28(5): 2307-2316.

[14] Miwa B A, Otten D M, Schlecht M F. High efficiency power factor correction using interleaving techniques: Applied Power Electronics Conference and Exposition, 1992. APEC′92. Conference Proceedings 1992., Seventh Annual, 1992[C].

[15] Po-Wa L, Lee Y S, Cheng D K W, et al. Steady-state analysis of an interleaved boost converter with coupled inductors[J]. Industrial Electronics, IEEE Transactions on, 2000,47(4):787-795.

[16] Cuk S. New magnetic structures for switching converters[J]. Magnetics, IEEE Transactions on, 1983, 19(2): 75-83.

[17] Cuk S. A new zero-ripple switching DC-to-DC converter and integrated magnetics[J]. Magnetics, IEEE Transactions on, 1983, 19(2): 57-75.

[18] Manias S N, Kostakis G. Modular DC-DC convertor for high-output voltage applications[J]. Electric Power Applications, IEE Proceedings B, 1993, 140(2): 97-102.

[19] Jeong-il K, Chung-Wook R, Gun-Woo M, et al. Phase-shifted parallel-input/series-output dual converter for high-power step-up applications[J]. Industrial Electronics, IEEE Transactions on, 2002, 49(3): 649-652.

[20] Qing D, Bojin Q, Tao W, et al. A High-Power Input-Parallel Output-Series Buck and Half-Bridge Converter and Control Methods[J]. Power Electronics, IEEE Transactions on, 2012, 27(6): 2703-2715.

[21] Jung-Won K, Jung-Sik Y, Cho B H. Modeling, control, and design of input-series-output-parallel-connected converter for high-speed-train power system[J]. Industrial Electronics, IEEE Transactions on, 2001, 48(3): 536-544.

[22] Patel M R. Spacecraft Power Systems[M]. 韩波, 陈琦, 崔晓婷, 译. 中国宇航出版社.

[23] 胡寿松. 自动控制原理[M]. 科学出版社, 2005.

[24] Middlebrook R D, Cuk S. A general unified approach to modeling switching-converter power stages: IEEE Power Electronics Specialists Conference, 1976[C].

[25] Wester G W, Middlebrook R D. Low-Frequency Characterization of Switched dc-dc Converters[J]. Aerospace and Electronic Systems, IEEE Transactions on, 1973, AES-9(3): 376-385.

[26] Vorperian V. Simplified analysis of PWM converters using model of PWM switch. Continuous conduction mode[J]. Aerospace and Electronic Systems, IEEE Transactions on, 1990, 26(3): 490-496.

[27] Vorperian V. Simplified analysis of PWM converters using model of PWM switch. II. Discontinuous conduction mode[J]. Aerospace and Electronic Systems, IEEE Transactions on, 1990, 26(3): 497-505.

[28] Erickson R W. Fundamentals of Power Electronics[M]. USA: Kluwer Academic Publishers, 2000.

[29] Tse C K. Linear circuit analysis[M]. Harlow, U.K.: Addison-Wesley-Longman Ltd., 1988.

[30] Ridley R B. A new, continuous-time model for current-mode control [J]. Power Electronics, IEEE Transactions on, 1991, 6(2): 271-280.

[31] Ridley R B. A new continuous-time model for current-mode control with constant frequency, constant on-time, and constant off-time, in CCM and DCM: Power Electronics Specialists Conference, 1990. PESC′ 90 Record., 21st Annual IEEE, 1990[C].

[32] Bhinge A, Mohan N, Giri R, et al. Series-parallel connection of DC-DC converter modules with active sharing of input voltage and load current: Applied Power Electronics Conference and Exposition, 2002. APEC 2002. Seventeenth Annual IEEE, 2002[C].

[33] Ayyanar R, Giri R, Mohan N. Active input-voltage and load-current sharing in input-series and output-parallel connected modular DC-DC converters using dynamic input-voltage reference scheme[J]. Power Electronics, IEEE Transactions on, 2004, 19(6): 1462-1473.

[34] Giri R, Choudhary V, Ayyanar R, et al. Common-duty-ratio control of input-series connected modular DC-DC converters with active input voltage and load-current sharing[J]. Industry

Applications, IEEE Transactions on, 2006, 42(4): 1101-1111.

[35] van der Merwe J W, du T Mouton H. An investigation of the natural balancing mechanisms of modular input-series-output-series DC-DC converters: Energy Conversion Congress and Exposition (ECCE), 2010 IEEE, 2010[C].

[36] Giri R, Ayyanar R, Ledezma E. Input-series and output-series connected modular DC-DC converters with active input voltage and output voltage sharing: Applied Power Electronics Conference and Exposition, 2004. APEC′ 04. Nineteenth Annual IEEE, 2004[C].

[37] Deshang S, Kai D, Xiaozhong L. Duty Cycle Exchanging Control for Input-Series-Output-Series Connected Two PS-FB DC-DC Converters[J]. Power Electronics, IEEE Transactions on, 2012, 27(3): 1490-1501.

[38] Irving B T, Jovanovic M M. Analysis, design, and performance evaluation of droop current-sharing method: Applied Power Electronics Conference and Exposition, 2000. APEC 2000. Fifteenth Annual IEEE, 2000[C].

[39] Jung-Won K, Hang-Seok C, Bo H C. A novel droop method for converter parallel operation[J]. Power Electronics, IEEE Transactions on, 2002, 17(1): 25-32.

[40] Panov Y, Jovanovic M M. Loop gain measurement of paralleled dc-dc converters with average-current-sharing control: Applied Power Electronics Conference and Exposition, 2008. APEC 2008. Twenty-Third Annual IEEE, 2008[C].

[41] Chang-Shiarn L, Chen C. Single-wire current-share paralleling of current-mode-controlled DC power supplies[J]. Industrial Electronics, IEEE Transactions on, 2000, 47(4): 780-786.

[42] Panov Y, Rajagopalan J, Lee F C. Analysis and design of N paralleled DC-DC converters with master-slave current-sharing control: Applied Power Electronics Conference and Exposition, 1997. APEC′ 97 Conference Proceedings 1997., Twelfth Annual, 1997[C].

[43] Rajagopalan J, Xing K, Guo Y, et al. Modeling and dynamic analysis of paralleled DC/DC converters with master-slave current sharing control: Applied Power Electronics Conference and Exposition, 1996. APEC′ 96. Conference Proceedings 1996., Eleventh Annual, 1996[C].

[44] Mazumder S K, Tahir M, Acharya K. Master-Slave Current-Sharing Control of a Parallel DC-DC Converter System Over an RF Communication Interface[J]. Industrial Electronics, IEEE Transactions on, 2008, 55(1): 59-66.

[45] Thottuvelil V J, Verghese G C. Analysis and control design of paralleled DC/DC converters with current sharing[J]. Power Electronics, IEEE Transactions on, 1998, 13(4): 635-644.

[46] Thottuvelil V J, Verghese G C. Stability analysis of paralleled DC/DC converters with active current sharing: Power Electronics Specialists Conference, 1996. PESC′ 96 Record., 27th Annual IEEE, 1996[C].

[47] Suntio Teuvo. 开关变换器动态特性：建模，分析与控制[M]. 机械工业出版社，2011.

[48] 张卫平. 开关变换器的建模与控制[M]. 中国电力出版社，2006.

[49] 徐德鸿. 电力电子系统建模及控制[M]. 机械工业出版社，2010.

[50] Kiam H A, Chong G, Yun L. PID control system analysis, design, and technology[J]. Control Systems Technology, IEEE Transactions on, 2005, 13(4): 559-576.

[51] Yun L, Kiam H A, Chong G C Y. PID control system analysis and design[J]. Control Systems,

IEEE, 2006, 26(1): 32-41.

[52] Dixon L H. Average current-mode control of switching power supplies[J]. Unitlaode Power Supply Design Seminar Handbook, 1990.

[53] Tang W, Lee F C, Ridley R B. Small-signal modeling of average current-mode control[J]. Power Electronics, IEEE Transactions on, 1993, 8(2): 112-119.

[54] Young-Seok J, Jun-Young L, Myung-Joong Y. A new small signal modeling of average current mode control: Power Electronics Specialists Conference, 1998. PESC 98 Record. 29th Annual IEEE, 1998[C].

[55] Kuang-Yao C, Feng Y, Mattavelli P, et al. Characterization and performance comparison of digital V2-type constant on-time control for buck converters: Control and Modeling for Power Electronics (COMPEL), 2010 IEEE 12th Workshop on, 2010[C].

[56] Kuang-Yao C, Feng Y, Mattavelli P, et al. Digital enhanced $V^2$-type constant on-time control using inductor current ramp estimator for a buck converter with small ESR capacitors: Energy Conversion Congress and Exposition (ECCE), 2010 IEEE, 2010[C].

[57] Feng Y, Lee F C. Design oriented model for constant on-time $V^2$ control: Energy Conversion Congress and Exposition (ECCE), 2010 IEEE, 2010[C].

[58] Middlebrook R D. Input filter consideration in design and application of switching regulators: IEEE IAS Annu. Meeting, 1976[C].

[59] Kelkar S S, Lee F C. Stability Analysis of a Buck Regulator Employing Input Filter Compensation[J]. Aerospace and Electronic Systems, IEEE Transactions on, 1984, AES-20(1): 67-77.

[60] Kelkar S S, Lee F C. Adaptive Input Filter Compensation for Switching Regulators[J]. Aerospace and Electronic Systems, IEEE Transactions on, 1984, AES-20(1): 57-66.

[61] Lee F C, Yu Y. An Adaptive-Control Switching Buck Regulator-Implementation, Analysis, and Design[J]. Aerospace and Electronic Systems, IEEE Transactions on, 1980, AES-16(1): 84-99.

[62] Kohut C R. Input filter design criteria for switching regulators using current-mode programming[J]. Power Electronics, IEEE Transactions on, 1992, 7(3): 469-479.

[63] Karppanen M, Arminen J, Suntio T, et al. Dynamical Modeling and Characterization of Peak-Current-Controlled Superbuck Converter[J]. Power Electronics, IEEE Transactions on, 2008, 23(3): 1370-1380.

[64] Leppa X, Aho J, Suntio T. Dynamic Characteristics of Current-Fed Superbuck Converter[J]. Power Electronics, IEEE Transactions on, 2011, 26(1): 200-209.

[65] Spiazzi G, Mattavelli P. Design criteria for power factor preregulators based on Sepic and Cuk converters in continuous conduction mode: Industry Applications Society Annual Meeting, 1994., Conference Record of the 1994 IEEE, 1994[C].

[66] Cantillo A, DeNardo A, Femia N, et al. SEPIC design-part II: Capacitive damping: Industrial Electronics, 2009. IECON' 09. 35th Annual Conference of IEEE, 2009[C].

[67] Cantillo A, De Nardo A, Femia N, et al. Stability Issues in Peak-Current-Controlled SEPIC[J]. Power Electronics, IEEE Transactions on, 2011, 26(2): 551-562.

[68] Calvente J, Martinez-Salamero L, Garces P, et al. Zero dynamics-based design of damping networks